サステナブルビジネス

「持続可能性」で判断し、行動する会社へ

出雲 充
株式会社ユーグレナ社長
経団連審議員会副議長

PHP

まえがき

近年、「サステナブル」や「サステナビリティ」といった言葉は、だいぶ広く使われるようになり、目にする機会が増えたのではないでしょうか。日本語にすれば「持続可能な」「持続可能性」などとなります。

私たちユーグレナ社は、ユーグレナ・フィロソフィーとして、「Sustainability First（サステナビリティ・ファースト）」を掲げ、サステナブルビジネス、持続可能なビジネスに挑戦している会社です。持続可能性を何よりも第一に重視して事業を行い、何事も「それは持続可能か」という基準で判断し、行動します。

ちなみに、フィロソフィーとは哲学のことです。

私たちが、これほどサステナビリティを重要視するのは、現在のビジネスや社会の仕組み、人々の生活の仕方が、「持続可能ではない」と考えるからです。

現在の資本主義下におけるビジネスでは、儲けること、利益を出すことが絶対的に求められます。原材料費や人件費などのコストを徹底的に削減するなど、少しでも多くの利益を出せるよう、企業は最大限の努力を積み重ねています。

こうしたことが悪いわけでは、もちろんありません。利益を出さなければ、企業の存続が危ぶまれる事態になりますし、それは株主や従業員、取引先など、すべてのステークホルダーを危機に陥れることになります。

しかし、あまりにも利益第一主義、金融資本主義に偏りすぎてはいないでしょうか。

利益を出すために、少しでも安い原材料が求められ、最も安く製品化できる場所が求められるがゆえに、原材料の生産地であり、工場の建設地である発展途上国の人たちは、非常に安い賃金での労働を強いられ、安全性なども無視され、原材料自体も不当に安く買いたたかれているケースなども見受けられます。

私たちは、こうした「幸せではない人たち」がいる社会は、サステナブルな社会ではないと考えます。たとえ自分たちが幸せであっても、その幸せのために不幸な人たちが生まれているのだとしたら、それは持続可能な社会とはとても言えないでしょう。

企業は利益を出すために存在しているわけではありません。本来、利益は目的ではなく手段であり、企業の目的はそれぞれに違いますが、事業を通して実現したい未来を、各企業は理念やビジョンなどとして掲げているはずです。

「日本資本主義の父」とも言われる渋沢栄一氏は、『論語と算盤』という著書を書き遺しています。『論語』は、説明するまでもありませんが、孔子が語った道徳観などを弟子たちがまとめたもの。渋沢氏は、資本主義やビジネスが、とかく金儲けに偏りがちになることを見抜き、『論語』で説くような道徳でそれを律することの重要性を訴えました。

今、私たちは自分たちの価値観を、一度しっかりと立ち止まって考え直す必要があります。そして、「それは儲かるのか」という判断基準だけでなく、「それは持続可能なのか」と問わなければならないのではないでしょうか。

本書のプロローグでは、こうした私たちが考えるサステナビリティについて述べたうえで、二〇二五年に金融資本主義からサステナビリティ・ファーストへと価値観が一八〇度一変することなどについて述べます。

第1部では、私の創業の原点であるバングラデシュでの経験と、そこでお会いしたムハマド・ユヌス先生や、ユヌス先生が先駆けて始め、世界中に広まっているソーシャルビジネスなどについて述べます。

第2部では、私たちユーグレナ社が現在取り組んでいる「Sustainability First（サステナビリティ・ファースト）」な事業について紹介します。ただ、私たちはまだ何も成し遂げてはいませんし、大きなビジネスの成功を勝ち得たわけでもありません。

それでも私たちの考え方や実践事例などを紹介するのは、これからサステナブルビジネスに取り組もうとする人たち、現在取り組んでいる人たちに少しでも役立つことがあるのではないか、と思うからです。

第3部では、二〇〇〇年以後に成人したミレニアル世代が時代の主役となることで、サステナブル社会へと大きく舵を切り、未来は明るい方向に向かって進むという、私なりの考えについて述べます。新型コロナウイルス感染症のパンデミック後、社会がどう変わるのか、についても触れたいと思います。

持続可能な社会の実現に向けて、本書が一人でも多くの人たちの価値観の転換や、明るい未来に向かって元気よく歩み始めるための一助となれば幸いです。

二〇二〇年一二月

出雲　充

サステナブルビジネス　目次

2章 ソーシャルビジネスの実践

第2部　挑戦――ユーグレナのサステナブルビジネス

3章　持続可能なビジネスで大切なこと

4章　持続可能な社会の主役は農業

5章　「年齢」＆「地域」のダイバーシティを重視する

第3部　未来――サステナブルな社会の実現に向けて

6章　ミレニアル世代の価値観が世界を変える

7章　パンデミック後、社会はどう変わるのか

装丁：印牧真和
編集協力：坂田博史

プロローグ

「サステナビリティ・ファースト」

「ミドリムシ」から「サステナビリティ」の会社へ

私が株式会社ユーグレナを創業したのは、二〇〇五年八月九日。それから一五年以上が経ちました。社名のユーグレナは、日本ではミドリムシと呼ばれる藻類の名称です。

私は大学一年生のときにバングラデシュに行き、バングラデシュの人たちの貧困や栄養失調の問題を目の当たりにしました。この社会問題を「栄養豊富な食材で解決したい」という思いがふつふつと湧きあがり、様々な食材を探し求め続けて、ついに栄養豊富な食材であるユーグレナと出合います。

ユーグレナによって、バングラデシュの人々はもちろん、「人と地球を健康にする」という経営理念のもと、ユーグレナ社を創業したのです。

このときの思いは、今もまったく変わっていません。しかし、この一五年間で世界の環境や考え方は大きく変化し、私たちユーグレナ社も事業を徐々に拡大することができ、仲間や社外パートナーも増えました。

そこで一五年という節目を第二の創業期ととらえ、改めて会社のあるべき姿について仲間たちとディスカッションを行い、「ミドリムシ」の会社から「Sustainability First（サステナビリティ・ファースト）」の会社へとステップアップすることを決意したのです。

ミドリムシも、サステナビリティ・ファーストを実現するうえで、変わらず大切な仲間です。私たちは、ヘルスケア事業やエネルギー・環境事業など、様々な事業を展開し、それらすべての事業を通して、サステナビリティが当たり前の世界を実現したいと考えています。新しい会社ロゴのタグライン「いきる、たのしむ、サステナブる。」は、サステナブルがこれからの生き方として食事や会話のように身近なものでいいはず、そしてサステナブルが溶け込んだ日常は楽しくあるべき、そんな思いを込めています。

では、サステナビリティとは何でしょうか。一般的には「持続可能性」のことです。私たちが新たにユーグレナ・フィロソフィーとして掲げた「Sustainability First（サステナビリティ・ファースト）」とは、持続可能性を何よりも第一に考え、判断、行動することを意味します。サステナブルな環境、サステナブルな健康、サステナブルな社会、サステナブルな生活、サステナブルな働き方、サステナブルな組織など、自分の幸せが誰かの幸せと共存し続けることをサステナビリティととらえ、何よりも大事にしていきたい。

言い換えれば、いくら自分が幸せだと感じていたとしても、どこかで誰かが幸せでない状態であるなら、それはサステナビリティではないのです。

そして、目の前にある短期的な課題の解決ではなく、「未来がずっと続いていくためにできること」が、サステナビリティです。

儲ける価値観で発想する日本のＳＤＧｓ

「サステナブル」や「サステナビリティ」といった言葉は、近年、日本でも広まりつつあり、国際連合（以下、国連）が掲げる「ＳＤＧｓ（Sustainable Development Goals：持続可能な開発目標）」への個人や企業の関心も日に日に高まっています。

しかし、真の意味でサステナビリティを重視する価値観へと、日本人や日本企業の多くが変わったか、本気でＳＤＧｓに取り組んでいるかと言えば、まだまだではないでしょうか。

「日本に来るとＳＤＧｓのバッジをつけている人がたくさんいる。東京では本当に多くの人の胸に輝くのを目にする」と、海外から来た人によく言われます。

そして、こう聞かれます。

「ＳＤＧｓの達成に向けて、どんなことをやっていますか」「どんな企業がどんな取り組みを行っていますか」「どんな取り組み事例がありますか」

これらの質問は、日本の企業や地方自治体などの組織が、ＳＤＧｓに対してどのような取り組みを行っているのか、世界の人たちにほとんど知られていないことを物語っています。

地味にでも着実にやっていれば、いつか衆目を集めることができる、と日本人は考えがちですが、それは世界では通用しません。日本から積極的に発信しなければ、世界ではまったく認知されないのです。

世界に知られていないということは、日本がどんなにＳＤＧｓにおいて様々な取り組みを行っていたとしても、何もやっていないのと同じことです。

今後は、こうした世界への発信を積極的に行っていく必要があるでしょう。

また、ＳＤＧｓへの取り組み自体にも、日本には問題があります。

たとえば、「バングラデシュの人たちには、ビタミンCが足りない、カルシウムが足りない、鉄分が足りないから」と、それら全部のサプリメントを日本から持って行って、現地の人たちに配ったとしましょう。

そして、「いくらの費用をかけて、何人に提供できたか、その効果がどれだけあったか、どれだけのインパクトを与えられたか」という数値を精緻に出し、資金の出し手に応えようとします。

これは、「いくら儲かるんですか」が、「どのくらいインパクトがあるんですか」に置き換わっているだけに過ぎません。それでは価値がないと、私は考えています。

ここで問題なのは、資金の出し手にとっては、どれだけインパクトを与えられたかが大事なことであり、バングラデシュの人たちの食生活の実質的な向上が主目的ではないということです。

ＳＤＧｓというのは、本来的には逆のスタンスで臨むべきものです。数字から始めるのではなく、社会問題を見つける、認識することから始めるのがＳＤＧｓです。ＳＤＧｓの一七ある開発目標に対して、「これを自分たちは解決したい」という熱い想いからスタートすることが大切なのではないでしょうか。

しかし、儲けを最優先する価値観が個人や企業に根強くあるため、ＳＤＧｓやサステナビリティへの取り組みであっても、数字が先行し、インパクトを求めてしまっています。誤解を恐れずに言えば、儲けを最優先する価値観にどっぷり浸かり続けているために、すべてのことを、それで判断してしまっている人や企業が多いのです。

もちろん、儲けることが悪いわけではありません。ビジネスにおいて利益をあげることは、事業を継続するためにも、拡大するためにも大変重要なことです。

ただ、利益をあげることが企業の目的ではありません。目的は企業によって違いますが、それぞれの企業が掲げる「事業を通して実現したいこと」が本来の目的のはずです。私たちで言えば、それが「Sustainability First（サステナビリティ・ファースト）」です。

二〇二五年、価値観の大転換が起きる

私は、儲けを最優先するこれまでの資本主義、金融資本主義的な価値観から、サステナビリティ、持続可能性を重視する価値観へと転換することが、日本はもちろん、世界の個人や企業、社会において重要だと考えています。

なぜならば、現在の、儲けを最優先する金融資本主義では、早晩、社会が行き詰まることが明らかだからです。二〇〇八年に起きたリーマンショックを見てもわかるように、金融資本主義はどう考えても持続可能ではありません。

また、気候変動によって毎年のように世界のあちこちで起きる自然災害を見て、現在の経済活動や社会活動をこのまま続けると、どこかのタイミングで地球が壊れてしまうのではないか、人類が安心して暮らすことができなくなってしまうのではないかと危惧する人たちが増えています。

特に、二〇〇〇年以降に成人した世代を「ミレニアル世代」と呼びますが、ミレニアルおよびミレニアルよりも若い世代は、これまでの資本主義に非常に懐疑的で、サステナビリティを重視する価値観を大事にしています。

しかし、社会全体を見れば、まだまだこれまでの資本主義的価値観が主流であり、この価値観が大きく転換するのは二〇二五年以後になるでしょう。

私は、ミレニアル世代以降の人々が生産年齢人口の過半数を占める二〇二五年を境に、これまでの資本主義的価値観から、サステナビリティ的価値観に主流が変わり、持続可能な社会へと世界が大きく変化すると予想しています。

生産年齢人口とは、一五歳から六四歳までの働く人のことで、働く人の二人に一人以上がミレニアル世代以降の人々になるのが、二〇二五年です。そのときに世の中は、手のひらを返すように、これまでとは真逆の方向に進み出すことになるでしょう。

こうした価値観の大転換が世界的に起きる理由など、詳細については6章で述べたいと思います。

「二兎を追う」ことの限界

二〇二五年になれば、世界の多くの人たちが、儲けを最優先する価値観よりもサステナブルな価値観を重要視するようになります。私たちは、その価値観の大転換が起きることを見通して、今からサステナビリティ・ファーストを実現していきます。

ただ、二〇二五年までの数年間、このサステナビリティ・ファーストは、世間的な受けが非常に悪いだろうとも予想しています。

なぜなら、持続可能な日本、持続可能な地球をつくるためには、持続可能なものを選ばなければならないからです。たとえば、エネルギーで言えば、気候変動の主な原因と言われる二酸化炭素を排出する石炭や石油など、持続可能ではない化石燃料の使用をやめ、どんなにコストが高くても再生可能エネルギーを使わねばなりません。

儲けを最優先する価値観、これまでの資本主義の価値観で判断すれば、コストが安い化石燃料を選ぶのが当然です。それをいきなり、コストを無視してサステナブルなものを選べと言われても、価値観が転換していない現在では、なかなか実行できないでしょう。だから、サステナビリティ・ファーストは非常に受けが悪いのです。

今行われているのが、再生可能エネルギーを増やしながら、化石燃料も活用するという「二兎を追う」ことです。サステナブルなことにも取り組むけれども、持続不可能なこと、儲かることも続ける。こうした相矛盾する二兎を追って何とか両方とも成立させようとしています。

現在の新型コロナウイルス感染症のパンデミック下でも、「ステイホーム」が勧められ、徹底した感染防止対策が求められている中で、ＧｏＴｏキャンペーンなどが行われています。感染拡大を防ぎながら経済を回すという、矛盾した二兎を追うことが選択されているのです。

人口が増え、経済が成長している時代は、本来は両立し得ないことであっても、二兎を追って何とか両立させることもできました。

しかし、人口が減少し、経済が縮んでいく社会で矛盾する二兎を追っても、両方を成立させることはできません。

新型コロナウイルス感染症の影響でデジタルトランスフォーメーション（ＤＸ）が進み、世の中が一層便利になるなどと楽観論を語る人もいますが、一方で、デジタルの力で生産性を上げるということは、それに対応できない人が失業するということに繋がります。

一九九〇年のバブル経済崩壊後から、日本がこれまでの三〇年間、ずっと成長できずに停滞し続けている理由は、同時に手に入れることができないにもかかわらず二兎を追い続け、どちらか一つを選べなかったからです。

事故を絶対に起こさない原子力発電所も、騒音をまったく出さない空港も、実現することはできません。「できないことは、できない」ということを、私たちはしっかりと認識し、そのうえで、どちらか一つを選び、進んでいかなければならないのではないでしょうか。

何重苦であろうとも共に走り続けよう

現在の「本来両立し得ない両方を求める」というやり方は、長期的に見ると、全員で貧しくなっていくことにならざるを得ません。全体が徐々に縮んでいき、いつかどこかのタイミングで破綻してしまうことでしょう。

新型コロナウイルス感染症の影響で傷んだ経済を立て直そうとして、外出自粛の傍らＧｏＴｏキャンペーンなどを積極的に進めていると、二兎を追うことになり、両立できなかったと気づいたときには、何もできていない状況に陥ってしまいます。

持続可能な日本にするためには、持続可能なやり方に変えるしかありません。

しかし、儲けを最優先する価値観、これまでの資本主義的価値観が主流のうちは、サステナビリティ・ファーストは実行するのも苦しいし、選ぶ人も少ないし、という状況ですから、選んだ企業も人も大変です。

それでも持続可能な選択肢を選び、実践していけば、二〇二五年以降、その苦労は絶対に報われると確信しています。私たちはバングラデシュでソーシャルビジネスを行っていますが、このような活動をしていない企業には、誰も就職したいと思わなくなります。また、サステナブルでない商品やサービスは、選ばれなくなります。

価値観の大転換を先取りし、価値観の変化に合わせて柔軟に対応できる企業だけが生き残ることができるでしょう。

私自身、あと数年間は本当に苦しいだろうと覚悟しています。それでも、見てくれている人は、ちゃんと見てくれているものです。サステナビリティ・ファーストに共感してくれる仲間を増やしながら、あきらめずに二〇二五年まで一緒に走り抜けたいと思います。

第1部　原点

――ユヌス先生とソーシャルビジネス

1章

ムハマド・ユヌス先生の教え

ソーシャルビジネスとNPO、NGOの違い

私は、二〇〇五年にユーグレナ社を創業しました。その動機となったのが、一九九八年の夏、一八歳のときに本物の「ソーシャルビジネス」と出会ったことです。場所は、南アジアのバングラデシュ人民共和国。

そして、このとき、グラミン銀行の創始者であり、ソーシャルビジネスの生みの親でもあるムハマド・ユヌス先生と出会えたことが創業への大きなモチベーションになりました。

当時、ユヌス先生は、これまでのビジネスとはまったく違うソーシャルビジネスをすでにグラミン銀行で行っていました。

ソーシャルビジネスがどういうものかは、ユヌス先生が定義した「七つの原則」を読むのが一番ですが、それを紹介する前に、まずは私なりの見方を簡単に述べたいと思います。

ソーシャルビジネスとは、ＮＰＯやＮＧＯと株式会社の「いいとこ取り」をしたビジネ

スのこと、と考えています。

ＮＰＯは、Non-profit Organizationの略称で、非営利団体のことです。ＮＧＯは、Non-governmental Organizationの略称で、非政府組織のことです。どちらも、運営資金は、会費や寄付金、国からの補助金・助成金などであり、事業収入もありますが、資金提供者に配当を出すことは禁じられています。

一方、株式会社は事業を行い、その事業収入から必要経費を差し引いて利益を出し、資金提供者である株主に利益の一部を配当や株主優待として配布します。

この、真逆とも言えるＮＰＯ・ＮＧＯと株式会社の「いいとこ取り」をしたハイブリッド形態がソーシャルビジネスなのです。

私たちの社名であるユーグレナも、じつはハイブリッド生物です。ユーグレナというのは学名で、日本では一般的にミドリムシと呼ばれる、植物と動物の両方の性質をもった微細藻類です。動物の性質をもった植物などとも言われます。こうした、それぞれの「いいとこ取り」をしている生物は、しなやかで強いことが、生物学的に明らかになっています。

まったく異なる二つのものの「いいとこ取り」をするハイブリッド形態が、いろいろな分野で今後さらに増え、これまで以上にメジャーな存在になると、私は予想しています。ビジネスにおいても、これまでの資本主義のビジネスの限界も、ＮＰＯ・ＮＧＯの限界も理解したうえで、両者の良い点を統合してより良く進化させたソーシャルビジネスが、今後、主役となることでしょう。

ソーシャルビジネスは、その生みの親であるユヌス先生が、およそ四〇年間にわたって、日々、「これは既存のビジネスと何が違うのか」「ビジネスの限界を解決するために何をしなければならないのか」「ＮＰＯ・ＮＧＯがなぜその答えではないのか」などと自問自答して出した答えです。

ユヌス先生は、バングラデシュにおいて、まずグラミン銀行をつくり、「マイクロファイナンス」と呼ばれるソーシャルビジネスを始めました（マイクロファイナンスについては、のちほど詳しく述べます）。

このグラミン銀行のソーシャルビジネスが世界から注目され、二〇〇六年、ユヌス先生がノーベル平和賞を受賞したことは、みなさんご存じの通りです。

ユヌス先生が練り上げた「七つの原則」

それでは、ユヌス先生が考えに考えて定義したソーシャルビジネスの「七つの原則」について見ていきましょう。

(1)ソーシャルビジネスの目的は、利益の最大化ではなく、貧困、教育、環境等の社会問題を解決すること。
(2)経済的な持続可能性を実現すること。
(3)投資家は投資額までは回収し、それを上回る配当は受けないこと。
(4)投資の元本回収以降に生じた利益は、社員の福利厚生の充実やさらなるソーシャルビジネス、自社に再投資されること。
(5)ジェンダーと環境に配慮すること。
(6)雇用する社員にとってよい労働環境を保つこと。
(7)楽しみながら。

本当によく考えられたソーシャルビジネスの原則で、どれも平易な表現で過不足なく大切なことが書かれています。あえて私なりの解釈をすると、これまでのビジネスでは越えられなかった壁を乗り越えて目標にたどり着くための大事な特徴が二つあります。

一つ目が、一番の「ソーシャルビジネスの目的は、利益の最大化ではなく、貧困、教育、環境等の社会問題を解決すること」と、まずソーシャルビジネスの目的を明確に示している点です。

そして、わざわざ「利益の最大化ではなく」という文言を入れているのは、既存のビジネスが利益の最大化を目的にしてしまっているからではないでしょうか。既存のビジネスも、本来は利益の最大化が目的ではありません。しかし、利益の最大化を目的とするビジネスが横行している現状から、ソーシャルビジネスはそうしたビジネスとはまったく違うということを、まず明確に示したのだと思います。

二つ目が、三番の「投資家は投資額までは回収し、それを上回る配当は受けないこと」です。ソーシャルビジネスにおいても、株式会社の資本金に当たる活動資金が最初に必要になります。

株式会社においては、資本金を出すのは株主ですから、資本主義では株主が一番上位に位置します。そして株式会社は、株主に価値を還元するため、一般には配当を出すことが求められます。

これに対し、NPO・NGOの運営資金は、先ほど述べたように、寄付金や補助金で す。そのため、資金の出し手にお金は戻ってきません。資金の出し手に何らかの配当を出してしまうと、そのNPO・NGOは活動できなくなります。

NPO・NGOと株式会社、この二つの形態のハイブリッドであるソーシャルビジネスでは、投資家は投資額までは回収できますが、投資額を上回る配当は受けられません。たとえば、一億円を投資したとすると、どこかのタイミングで一億円を戻してもらうことはできますが、それ以上のお金を受け取ることはできないのです。

ただ、それだけでは単なる慈善事業になってしまうため、次のような方法は認められています。まず、適切な配当（リターン）をあらかじめ決めます。たとえば、配当を一〇〇〇万円と決めて一億円を投資した場合、それがいつになるかはわかりませんが、ソーシャルビジネスが軌道に乗り、成功した暁には、一億一〇〇〇万円を戻してもらうことができるのです。

ただし、どんなにそのソーシャルビジネスが成功しても、投資家はあらかじめ決めた配当以上は一銭ももらうことはできません。

ソーシャルビジネスのもう一つの配当

このようなソーシャルビジネスですが、じつはお金以上に貴重な、価値ある配当を受け取ることができます。それは、ソーシャルビジネスによって社会問題が解決されたときに生まれる「喜びや幸せの声」であり、関係者である多くの人たちの「笑顔」です。これらが、ソーシャルビジネスの配当なのです。

この「喜びや幸せの声」「笑顔」という配当は、そう簡単には受け取れません。しかし、一度受け取ったら、もう二度と他のことに投資したいと思わなくなります。なぜなら、「喜びや幸せの声」「笑顔」というのは、心が震えるような身体性をともなった配当だからです。

ユーグレナ社は、ユヌス先生率いるグラミングループと共同で設立したグラミンユーグレナに一億円を投資しています。グラミンユーグレナは、主にバングラデシュでのソーシャルビジネスのための合弁企業ですが、一億円という金額は、私たちにとって大きな金額です。それでも投資を行うのは、それで何千人、何万人の子どもたちがユーグレナ入りのクッキーを食べて元気になり、喜んでくれるからです。

子どもたちが元気になると、さらに、その両親も笑顔になります。グラミンユーグレナを運営するための仕事が生まれ、その職に就く人たちも喜んでくれます。彼ら全員の喜びと笑顔を肌で感じることができるのです。だから、一億円を投資するだけの価値が十二分にあると私たちは考えています。

現地を訪れて、実際に「ありがとう」という感謝の言葉をもらったときの、喜び、充実感、感動といったら、とても言葉では表せません。

これまでの資本主義、いわゆる金融資本主義の世界で生きている人たちは、こうした心が震えるような身体性の喜びがともなわなくても、一億円が一〇〇億円や一〇〇〇億円になることに喜びを感じ、充実感を味わえるのかもしれません。しかし、私はそうしたことにあまり喜びを感じませんし、何よりも、金融資本主義では辿り着けない感動の世界へ、ソーシャルビジネスは連れて行ってくれると考えています。

世界有数の食品企業であるダノンは、グラミングループと共同で「グラミン・ダノン・フーズ」を設立し、ソーシャルビジネスに早くから参入しています。これは、「ソーシャルビジネスの時代」が近い将来到来するという考えのもとだと思われます。

プロローグでも述べたように、私は、これまでの金融資本主義はすでに限界を迎えており、二〇二五年を境に、ほとんどのビジネスがソーシャルビジネスや持続可能なビジネス――「サステナブルビジネス」に切り替わっていくと考えています。その理由については6章で詳しく述べますが、現在、世界中で猛威をふるっている新型コロナウイルス感染症のパンデミックによって、世界の人々の意識や価値観が大きく変われば、その時期はさらに早まるかもしれません。

ダノンのソーシャルビジネスを牽引したエマニュエル・ファベールCEO（最高経営責任者）は、同社のトランスフォーメーションを、二〇二五年を待たずに、どんどん進めています。ダノンのバングラデシュにおけるソーシャルビジネスについては、2章で詳しく触れますが、ダノン同様に、ソーシャルビジネスに舵を切る企業が、今後も増えていくことでしょう。

ただ二〇二五年になっても、世界全体の一割ぐらいの人たちは、これまでの資本主義のビジネスに残っていると思います。金融資本主義の世界で成功している人たちは、ソーシャルビジネスに切り替える必要などないと考えるからです。

これまでの資本主義の世界で成功してきた人たちには、常に新たな市場――フロンティアが必要なのですが、アフリカを最後に地球上にはもうフロンティアがありません。だから宇宙に向かっています。それが、最後に残された最大のフロンティアだからです。

スペースXとテスラの創業者であるイーロン・マスク氏は民間企業として初めて有人宇宙飛行を成功させ、アマゾンの創業者ジェフ・ベゾス氏も巨大宇宙ステーションづくりを目指すなど、宇宙プロジェクトに打ち込んでいます。

しかしこのような人たちは、例外中の例外です。それ以外の人たちは二〇二五年以後、株式会社とNPO・NGOのハイブリッドであるソーシャルビジネスやサステナブルビジネスを行い、社会問題を解決することに取り組んでいくことになると、私は考えています。

なぜバングラデシュだったのか？

私は大学生時代に、バングラデシュに行き、バングラデシュの人たちの貧困や栄養失調の現状をこの目で見て、「この社会問題を解決したい」と思ったことが、ユーグレナ社を創業した原点にあります。

私の人生は、このときのバングラデシュでの体験で大きく変わったのですが、その話をすると、決まって聞かれることがあります。

「なぜバングラデシュに行ったのですか？」

私の話を聞いてくださった人たちにとってみれば、日本人にはあまりなじみのないバングラデシュという国に行ったことが、とても不思議に感じられるようです。

私は東京の郊外、多摩ニュータウンの極めて典型的な日本の中流家庭で育ちました。そんな普通の家庭で育った私からすると、平凡な生活の対極にあるのが戦争と難民でした。

平和な日本の、平凡な中流家庭に育った私にとっては、戦争と難民というものがこの世に存在していることが、どうにも腑に落ちませんでした。当たり前ですが、日本の一般的な住宅地に戦争はなく、難民を見かけることもありません。

なぜ戦争をしているのか。なぜ難民と呼ばれる人たちが大勢いるのか。その現実がきちんと理解できず、それらを具体的に想像することすら、できなかったのです。

高校生ぐらいの感受性が強い思春期には、誰しもが社会のあり方について考え、悶々とした経験があると思います。私も同じように当時のＮＨＫの番組『映像の世紀』を見て、「着る服がない」「住む家が存在しない」「食べるものに困り果てる」という状況がどうにも信じられず、本当に同じ地球上でこんなことがあるのか、と悶々としたわけです。

『映像の世紀』はノンフィクションの番組ですが、私にとってはハリウッド映画と同様のフィクションにしか思えませんでした。物質的に豊かで、何不自由なく暮らしてきた私にとって、貧困というものが、まったくイメージできなかったのです。

ただ、『映像の世紀』が伝えることが本当なのだとしたら、地球上で起こっている現実なのだとしたら、こうした問題を解決したいな、と素朴に思いました。

食べるものがなくて困っているのなら、どっさりご飯を持って行ってあげよう。そんなことを考え、実際に、貧困国に対して援助を行っている組織がどこなのか、調べました。

私が見つけたのは、ＵＮＤＰ（United Nation Development Programme：国際連合開発計画）とＷＦＰ（United Nation World Food Programme：国際連合世界食糧計画）という二つの組織でした。

どちらも国連の組織だったので、「国連の職員になれば、貧困国や貧困地域に、食料をどっさり持って行く仕事ができる」。そう考えた高校生の私は、まずはそのために大学に進学して、勉強しようと決め、東京大学に入学しました。大学に入るまで、海外はおろか、多摩ニュータウンしか知らなかった私でしたが、すぐにパスポートをつくりました。

そして、「世界の発展途上国の中でも一番貧しいと言われている国に行き、現地を自分のこの目で見たい」。そう考えたのです。

もしその国にすでにきちんと食料が届いているのなら、私がやるまでもないので、国連ではない別の就職先を探さなければなりません。だから、できるだけ早く、一番貧しい国を見に行きたかったのです。

当時、発展途上国に興味をもった学生の多くがインドに行きました。インドに詳しい先輩も身近にいました。確かに、インドも貧しい国の一つでしたが、「どうせなら、誰も行ったことがない国に行きたい」。そう思って地図を眺めながらへんぴなところを探していたら、日本からインドに行く手前に、バングラデシュという国があるのを見つけました。

学生旅行やバックパッカーのバイブルとも言われた旅行ガイド本、『地球の歩き方』（ダイヤモンド・ビッグ社）にも、当時、バングラデシュのガイド本はありませんでした。

「『地球の歩き方』で取り上げていないぐらいだから、日本人はほとんど誰も行っていないだろう。そんな国なら、一八歳の若造の自分でも、面白い話が聞けたり、いろんな経験ができるかもしれない。何よりも自分自身の勉強になるはずだ」

こうした考えから、私はバングラデシュに行くことを決めたのです。

一日三食、カレー、カレー、カレー

バングラデシュは当時、世界一かどうかはともかく、最貧国の一つであったことは間違いありません。そのバングラデシュに行ってわかったのは、食料はたくさんあるということでした。正確に言うと、バングラデシュではコメ栽培がかなり盛んなため、コメはたくさんありました。

バングラデシュの人たちは、自国で採れるコメが大好きで、毎食ご飯とカレーを食べていました。一日三食、ご飯とカレー、ご飯とカレー、ご飯とカレー。それが毎日続きます。なぜなら、ご飯とカレーしか食べるものがないからです。

しかも、そのカレーに入っている具は、ほんの少しだけ。その少量の具を腐らせないために、香辛料と油がたっぷりカレーに使われていました。

バングラデシュの人たちは、日本人の三倍はコメを食べます。それは、新鮮な野菜や果物、肉、卵、牛乳などがほとんどなく、それ以外に何も食べるものがないからです。空腹を満たしてくれるのは、ご飯とカレーだけなのです。

では、なぜ新鮮な野菜や果物、肉、卵、牛乳などが食べられないのでしょうか。それは、保存する術がないから。つまり、冷蔵庫がほとんど普及していなかったからです。

私がバングラデシュに行った一九九八年当時は、毎日、計画停電を実施していました。日本でも東日本大震災のときに、福島第一原子力発電所の事故による電力不足から、計画停電が行われました。これに対しバングラデシュでは、慢性的に電力が不足しているため、毎日が計画停電で、電気が使える時間がエリアによって限られていたのです。

私が行ったのは夏です。一番暑い昼から夕方までの時間帯は、お金持ちの偉い人たちがエアコンを使えるように、お金持ちの偉い人たちが住んでいるエリアやビジネス街、官庁街に電気が供給されていました。

逆に、貧しい人たちが住んでいるエリアでは、一日で一番暑い時間帯に停電となります。

もちろん、バングラデシュでエアコンを持っているのは、お金持ちや大企業、官庁だけです。それ以外の貧しい人たちが持っているのは扇風機ですが、その扇風機も停電で動かせません。

計画停電によって一日のうちに何時間かしか電気が供給されないエリアに、二四時間電気を必要とする冷蔵庫は存在し得ません。そのエリアでは、家にはもちろん、店にも冷蔵庫はありませんでした。

新鮮な野菜や果物、肉、卵、牛乳は、酷暑の夏のバングラデシュでは冷蔵しておかないと、すぐに腐ってしまいます。だから、具がほとんどないカレーを食べるしかなかったのです。

バングラデシュでは、自分がイメージしていたのとはまったく違う現実を見ることができました。

お腹いっぱいご飯とカレーを食べることはできても、新鮮な野菜も肉も魚もまったく存在せず、食べたくても食べられない。だからみんな栄養バランスが大きく崩れ、鉄分欠乏性の貧血に陥っていました。

さらに、ビタミン不足で風邪をひいている人も多く、咳き込んでいる人を数多く見かけました。子どもたちも元気がありません。

国連によれば、子どもたちは成長期に十分な栄養をとることができないと、発育阻害になってしまい、年齢に対して平均身長より明らかに低かったり、知能の発達が遅れたり、病気になりやすかったりといった様々な悪影響があることがわかっています。子どものときの栄養失調は、大人になってもその悪影響が続くのです。

その結果、勉強にも、仕事にもなかなか集中できないため、教育水準や労働生産性も上がらず、それによって自分の子どもたちに十分な栄養がある食事を与えることができないという悪循環を繰り返すことになり、貧困の連鎖が続きます。

発展途上国で教育水準や労働生産性が上がらないのは、その国の人たちが勉強や仕事をサボったり怠けているからではないのです。勉強や仕事をがんばりたくても、がんばれない健康状態であることが問題なのです。

「貧困国では、単に食べ物が足りないだけではなく、電気も足りなければ、栄養も足りないといった様々な問題が重複して存在している」ということを、最初に教えてもらったのがバングラデシュでした。

貧困層に無担保でお金を貸すマイクロファイナンス

私がバングラデシュに行った際、現地を案内してくれたり、様々な現実を直に見せてくれる機会をつくってくれたのが、インターンシップをしたグラミン銀行でした。グラミン銀行をつくったのは、前述した通り、ムハマド・ユヌス先生です。ユヌス先生は当時から非常に有名でしたが、ノーベル平和賞を受賞される前のことで、学生だった私はユヌス先生についても、グラミン銀行についても、あまり詳しくは知りませんでした。

社会問題を解決するソーシャルビジネスとしてのマイクロファイナンスを、グラミン銀行は当時すでに行っていました。このマイクロファイナンスがどういった仕組みなのか、簡単に説明しましょう。

国連では、当時は一日一・二五ドル以下、二〇一五年からは一・九ドル以下で生活する人を極度の貧困層と定義していますが、バングラデシュには、まさにこの極度の貧困層の人たちが大勢います。こうした人たちは、教育を受ける機会がないため字も読めず、自分の名前を書くことさえできません。そんな極度の貧困層の人たちに対して、無担保でお金を融資するのが、マイクロファイナンスです。

融資する金額は、バングラデシュで平均的な農家の年収に等しい三万円から四万円ほどです。

「何だ、少額だな。だから無担保でも貸せるのか」

こう思われたかもしれませんが、日本に置き換えれば、平均年収に等しい四〇〇万円から五〇〇万円を貸すのと同じです。そんな年収に等しい多額の金額を無担保で貸してくれる金融機関が果たして日本にあるでしょうか。

バングラデシュでも、グラミン銀行がマイクロファイナンスを始めるまでは、どこの銀行も貧困層にお金を貸してはくれませんでした。では、お金を借りるときどうしていたかと言えば、親戚で一番お金を持っている人のところに行って借りていました。バングラデシュでは利息が一〇〇％や二〇〇％など信じられないほど高いのが当たり前の時代です。利息が一〇〇％では、借りたお金で何か商売を始めても、利息を支払うだけで精一杯です。だから、いつまでたっても借金を返済することができず、貧困から抜け出せない人が多くいました。

借金を返済できなければ、貯金もできず、お金に余裕も生まれません。お金に余裕が生まれなければ、子どもにも労働をさせて、少しでも多くお金を稼ぐしかなくなります。その結果、教育を受けられない子どもたちが増えるのです。

基本的な教育さえ十分に受けられず、文字の読み書きや計算ができないのであれば、大人になってもお金を稼げる仕事に就くことが難しくなります。そして、貧困から抜け出すことができないという悪循環が繰り返されるのです。

ユヌス先生は、こうした貧困の連鎖を止めるためには何が必要なのかを考え続け、「借金が返済できず、資本を蓄積できないことが最大の問題」だと看破します。この問題を解決するため、グラミン銀行では借金を返済できる水準まで利息を下げることを実践します。

グラミン銀行の融資に対する利息は一〇%ほどです。日本は現在ゼロ金利なので利息が一〇%と聞くと高く感じるかもしれません。しかしバングラデシュは、当時も今も経済成長期であるため、インフレ率も高く、一〇%の利息は決して高くない数字なのです。

実際、銀行の定期預金の利息も一〇%前後あります。ですから、実質金利で言えば、低い数字だと言えます。

また、高度経済成長期のバングラデシュの経済成長率は毎年八%ほどで、それにつれて収入も一〇%前後は毎年増えていきます。したがって、利息が一〇%であっても、数年で借りたお金を全額返すことができるのです。

実際、グラミン銀行の融資の回収率は約九九%です。貸したお金がほぼ完ぺきに返ってくるので、担保は必要ありません。そして、返ってきたお金は、さらに別の貧しい人々に融資されていきます。

この正の連鎖によって、融資を受けた人が一人ずつ資本を蓄積できるようになり、貧困から抜け出していきます。グラミン銀行から融資を受ける人は一〇〇万人になり、二〇〇万人になり、今では九〇〇万人にまで増えています。

グラミン銀行の回収率がほぼ一〇〇％の理由

グラミン銀行の融資の回収率が約九九％と述べましたが、逆に言うと、借金を返せなかった人が約一％いたことになります。これがどのような人かと言えば、サイクロンなどの自然災害によって家が破壊されるなどの被害を受けた人たちです。

バングラデシュは、低地で有名なヨーロッパのオランダと同様に、国土のほとんどが海抜ゼロメートル地帯です。そのバングラデシュに、近年、サイクロンがいくつも上陸するようになり、その度に大きな被害が出ています。

サイクロンの上陸が増えたのは、地球温暖化にともなう気候変動の影響ともいわれています。バングラデシュは、気候変動の悪影響を最も受けている国の一つでもあるのです。

こうしたサイクロンなどの自然災害によって家が破壊されて借金の返済ができない人が約一％いるため、グラミン銀行の融資の回収率は約九九％なのです。

ただし、グラミン銀行は災害に遭ってお金を返せなくなった人にも、また新たに同じ金額を融資します。普通の銀行は、返済できない人や会社にさらにお金を融資することはまずありませんが、グラミン銀行では逆に、災害で被害を受けた人に対しては必ず再度お金を貸します。

そして、そのお金は必ず返済されます。そう考えると、返済期間を延長しているだけだと考えることもでき、最終的な融資の回収率は一〇〇％とも言えるのです。

私が初めてバングラデシュに行った際、こうしたマイクロファイナンスの仕組みについての説明を受けました。実際にお金を借りている人たちが住む村にも行きました。

お金を借りた人は、たとえば、それを元手にして山羊を仕入れます。そして、その山羊のミルクを販売することで、一日一ドルだった収入が、二ドル、三ドル、四ドル、五ドルと増えていきます。

また、ある人は借りたお金で、バングラデシュの特産品であるジュート（麻）を仕入れ、ジュートを編んで美しいかごを作って販売していました。それぞれ自分の得意なことと、できることを商売にしていました。

そうした商売の多くは、昔から行われていたそうなのですが、先に述べた通り、元手となる借金の利息が一〇〇％だったために、資本の蓄積ができなかったのです。

利息が一〇%であれば、利息を払いながら生活できますし、少しずつ借金を返済することもできます。借金を完済すれば、貯金――資本の蓄積ができるようになり、貧困から抜け出すことができるというわけです。

こうした現場を見たのは、大学に入りたての一八歳のときで、ビジネスの経験などまったくない学生でしたから、正直なところ、このソーシャルビジネスの素晴らしさの半分も、私は理解できていませんでした。

そもそも、日本の常識しかない私には、無担保でお金を貸すことも、そのお金が九九%、実質的には一〇〇%返済されることも、奇跡のようにしか思えませんでした。なぜそんなことが起こるのか、まったく腑に落ちてはいなかったのです。

「信用」と「信頼」の違い

しかし最近、ユヌス先生のマイクロファイナンスの真髄が、少しは理解できるようになりました。「信用」と「信頼」は全然違うものだということです。

「この人にお金を貸しても大丈夫かな、ダメかな」というのは、信用を測っているということです。

信用は、英語なら「クレジット（credit）」です。中央銀行が行っているのは信用創造であり、お金を貸してくれるのは信用金庫。クレジットカードは、信用が認められた人だけが使えるカードで、自己破産した人などは持つことができません。資本主義社会においては、信用があるかないかで、お金を貸すかどうかを判断します。

しかし、世界で一番信用がある銀行の一つと言われていたリーマンブラザーズは、ご存じの通り、二〇〇八年にあっけなく潰れ、リーマンショックを引き起こしました。

一方、ユヌス先生は、「信用はたいしたものではない」と早くに見抜かれました。では何が大事なのか。それが、信頼です。

信用と信頼は言葉としてはよく似ていますが、中身はまったく異なるものです。たとえば、「信頼金庫」や「信頼カード」というものが存在しないように、似て非なるものです。

信頼は、信じて頼ると書くように、「まずは相手を信じること」が出発点になります。

信用は逆に、相手を「この人は本当にお金を返してくれるかな」と疑うことからスタートします。

「担保をとる」という行為は、そもそも相手を信頼していない証拠です。担保をとることによって信用度が上がったので、お金を貸すのです。裏を返せば、担保がなければ相手に対する信用度はゼロということです。

ユヌス先生は、信用を測ることをやめ、貧しい人たちみんなを信頼しました。「この人たちは必ずお金を返してくれる」と信頼したから、担保をとることなく無担保で融資を行ったのです。お金を借りた人たちも、ユヌス先生の信頼に応えて、全員がお金を返しました。

これを繰り返すことで、信頼の輪を大きく育てていったのです。ユヌス先生は、信用ではなく、「信頼からスタートする経済」を新たに創造した、と言っても言い過ぎではないでしょう。

これこそが、これまでの資本主義経済との大きな違いであり、ソーシャルビジネスの根本にある大事な考え方です。人類にとって、大変画期的な仕組みの発明だと私は考えています。

「偉人」に直接会えたありがたさ

これまでの経済の教科書には、「担保力調査などを行い、信用できる人にお金を貸しなさい」と書かれています。「相手を信頼してお金を貸したら、持ち逃げされてお金は絶対に返ってこない」というのが経済の常識でした。これまでの資本主義社会では、性悪説前提の考え方に基づいて契約を行ってきました。

もちろん世の中には、ウソをつく人や借金を踏み倒す人がいます。しかし、それを前提にして、誰に対しても疑うことから始めることが、本当に正しいことなのでしょうか。

私は、もう少し大きなスタンスで捉え、「信用からスタートする経済がある一方で、信頼からスタートする経済があってもいい」。それどころか、「信頼からスタートする経済が必要不可欠になっている」と考えています。

世界全体で、「信用の経済」と「信頼の経済」が半分ずつ両方存在するようなハイブリッド型が、これからの経済のありかたなのではないでしょうか。

これまで人類は、信用の経済を突き詰められる限界まで突き詰めてきました。そうであるなら、これからは、信頼の経済を広げていくことに注力すべきでしょう。信頼に基づくマイクロファイナンスのようなソーシャルビジネスを拡大していく。それがいま世界的に求められているのだと思います。

別の観点から言えば、性悪説に基づく経済や競争社会に、多くの人が飽きてしまった、あるいは、性悪説で駆け引きばかりすることに、多くの人が疲れてしまったのかもしれません。

だから、まず相手を信じて、相手がその信頼に応えることで相互の信頼関係がどんどん増していく。そのような社会の誕生を多くの人が望んでいるのでしょう。

無担保で融資を行い、それがほぼ一〇〇％返済され、それにより豊かになった人が九〇〇万人も生まれているというバングラデシュの現実。これを見れば、信頼の経済に、どれだけ人類にとっての大きなチャンスと可能性があるか。

ユヌス先生はいち早くこの重要性に気づき、それを多くの人たちに知ってもらうために、グラミン銀行を創設して自ら実践されたのです。

私は、一八歳にして、世界でも非常に稀少な奇跡の現場をこの目で見ることができ、肌で感じることができました。こんな素晴らしい体験ができたことに対しては、今も感謝しかありません。

インド独立の父であるマハトマ・ガンジーや、伝説の看護師フローレンス・ナイチンゲールなど、尊敬している偉大な人物は何人もいますが、そうした偉人のことは伝記や映像などでしか知ることができません。

しかし、私はそうした偉人の一人であるユヌス先生がつくったグラミン銀行の仕事を経験することができました。世界でも有数の貧困国バングラデシュにおいて、マイクロファイナンスによって人々を救った本物の偉人を一八歳にして目の前にするという経験は、私にとってかけがえのない、本当にありがたいものであったと、今でも心から感謝しています。

2章 ソーシャルビジネスの実践

バングラデシュで得た「確信」

私は学生時代にユヌス先生と出会ったことで、マイクロファイナンスのようなソーシャルビジネスが、これからもっともっと必要になると認識できました。それと同時に、世界全体がソーシャルビジネスや持続可能な社会へと向かうと確信しました。

その確信は、その後の二〇〇八年のリーマンショック、二〇一一年の東日本大震災、さらに二〇二〇年の新型コロナウイルス感染症のパンデミックを経験し、揺るぎないものに変わってきています。

世の中の多くの人々が、これまでの資本主義、「信用からスタートする経済」をこのまま続けていても、明るい未来がないと気づいたとき、ユヌス先生が始めた「信頼からスタートする経済」があることを知っているのと知らないのとでは、大違いです。

信頼からスタートする経済の存在を知らない人は、これまでの資本主義が行き詰まって壊れてしまったとき、パニックに陥るかもしれません。「どうすればいいのか、どこに向かって進んでいけばいいのか」がわからず、途方に暮れてしまうでしょう。

しかし、信頼からスタートする経済の存在を知っていれば、「これからは、信用から信頼に向かって進んでいけばいい」と、目指すべき方向を転換することができます。そして、安心してそちらの世界で生きていけます。

ユヌス先生やその周囲の人たちは、これまでの資本主義がいつか壊れることがわかっていました。なので、リーマンショックのときも冷静にそれを認識し、何にも惑わされず、自分たちの道を一歩一歩進んでいきました。

リーマンショックによって「進むべき道がなくなった」と感じたビジネスパーソンは、これからどうすればいいのか困惑し、しばし立ち往生してしまうか、もっと厳しい信用審査をし、さらに出口がなくなってしまいました。こうした人たちの中には、その後、時間をかけて様々な道を探し続け、ようやく信頼からスタートする経済、ソーシャルビジネスにたどり着いたビジネスパーソンもいるかと思います。

危機に陥ってから次を探すのではなく、常日頃から次の道を探っておくのが理想ではありますが、やはり理想と現実は違うものです。多くの人たちは危機に陥ってはじめて、次の道を探し始めるものなのでしょう。

私がユーグレナ社を創業したころ、「ユーグレナで貧困をなくす」「ユーグレナで世界を救う」と言っても、興味を示してくれる人はほんのわずかでした。それでも私が恥ずかしげもなく「ユーグレナで世界を救う」などと言えたのは、ソーシャルビジネスがいつか必ず必要とされるときがくると確信していたからです。そして、その確信は、先に述べた、大学一年生のときのバングラデシュでの経験があったからです。

二〇〇八年のリーマンショック以後、ユーグレナ社の事業への関心が、人々の間で少しずつ高まり始め、二〇一一年の東日本大震災以後は、さらに関心をもってくれる人が増えたという実感が私にはあります。そして今回の新型コロナウイルス感染症の影響で、ソーシャルビジネスや持続可能な社会への関心がさらに高まるのを、日々感じています。

上場を機に一五年ぶりのバングラデシュへ

私にとって、二〇一二年一二月二〇日の東京証券取引所マザーズへの上場は、長い目で見れば通過点に過ぎませんが、一つの目標ではありました。

創業時に思っていた「ユーグレナで貧困をなくす」、そして創業のきっかけとなったバングラデシュの栄養失調の人たちに、「ユーグレナ入りの食品を食べて元気になってもらう」ためには、バングラデシュに行く必要があります。

しかし、会社をつくってからは、バングラデシュへ出張をするどころではなく、会社がなくなってしまうかもしれないという危機に何度も陥りました。そんな状況において、バングラデシュで事業を展開するという無責任な行動をとることは許されませんでした。

そんな中で目標にしたのが、株式の上場です。上場企業には、業績や資産状況などを投資家にきちんと公開開示することが義務づけられています。なぜかと言えば、会社が突然倒産したりしないこと、つまり、ずっと続いていく持続可能な会社であることを詳らかにするためです。これが上場企業の株主に対する公開原則です。

したがって、株式を上場すれば、バングラデシュで事業を開始しても、会社が明日潰れることはないと、株主や取引先などのステークホルダーのみなさんに信じてもらえます。こう考え、株式を上場したらバングラデシュに行こうと、私は心の中で密かに決めていたのです。

そして東証マザーズに上場した直後の二〇一三年一月、実に一五年ぶりに、私はバングラデシュの地に降り立ちました。

一五年という歳月は長く、バングラデシュも経済が発展し、人々の生活もずいぶんと様変わりしていました。たとえば、スマートフォンを持っている人は少数派ではありましたが、携帯電話なら、ほとんどの人が持っていました。

さらに、「日本よりも進んでいるな」と思ったこともありました。携帯電話のショートメッセージ機能を使ったキャッシュレス決済です。お店に掲示されている番号宛にショートメッセージを送信すると、購入した商品の代金を決済できるようになっていました。携帯電話のショートメッセージを使った、バングラデシュ独自のキャッシュレス決済システムが広く普及していたのです。

バングラデシュでは、一般の銀行に口座をもっている人は少なく、したがってクレジットカードをもっている人もほとんどいません。だから、携帯電話のショートメッセージを使ったキャッシュレス決済が広く普及したのでしょう。

また、一五年前は、三輪の自転車の後部座席に人を乗せる「リキシャ」しか走っていなかったのが、自動車が多く走るようになっていました。そのほとんどが日本メーカーの中古車でした。

こうしたバングラデシュの生活の大きな変化を見た私は、「ひょっとすると、もうすでに私の出番はないのかな」と思いました。

電気と防災のインフラ整備は進まない

バングラデシュの経済も、日本の高度経済成長期と同様に右肩上がりで成長していきます。収入もどんどんよくなり右肩上がり。だから多くの人が携帯電話を買え、さらに車を買うこともできるようになっていたのです。

ただ、収入の多くは携帯電話の通信料金の支払いにつかわれており、食生活の状況は一五年前とほとんど変わっていませんでした。相変わらず、一日三食、ご飯と具の少ないカレーばかり。収入が増えたからと言って、野菜や肉を食べたり、牛乳を飲むようになったかと言えば、そんなことにはなっていませんでした。

食料事情は何も改善しておらず、栄養失調の問題は解決していなかったのです。「食生活を改善しよう」という考えには、なかなか至らないのだな、と実感しました。

一方で、バングラデシュではインターネットも普及し、ウェブ上でおいしそうな食べ物や料理がたくさん見られます。それらを食べてみたいと、バングラデシュの人たちも思ったことでしょう。

しかし、現実には冷蔵庫が家にありません。相変わらず電力の供給は不安定で、電気が二四時間、三六五日フルに使える状況にはなっていなかったのです。したがって、新鮮な野菜も肉も魚も卵も牛乳もないことに変わりはありませんでした。

ではなぜ、電気のインフラが整ってこなかったのか。

二〇一三年当時、バングラデシュの人口は約一億五〇〇〇万人でしたが、国民全員が冷蔵庫を使って生鮮食品を食べ、エアコンをつけて快適に暮らすためには、実際の発電量の一〇〇倍の電気が必要だと言われていました。

生活が豊かになったからといって、カレーを一〇〇倍食べる人はいません。でも、生活を豊かにするためには、電気などのエネルギーが一〇〇倍も必要になるのです。

いくらバングラデシュが高度経済成長期で、様々なものが買えるようになり、サービスが向上しているとは言っても、発電所を一〇倍にすることや、発電量を一〇〇倍にすることは現実的には不可能です。電気のインフラが根本的に整っていないから、食料事情は何も変わっていなかったわけです。

これは、文明の在り方の根本に関わる問題です。

かつてのような農耕中心の文明においては、人口の増加と農業生産量の増加が同じぐらいで、一緒に成長していくことができます。人口が一割増え、農業生産量も一割増えて、GDPも一割増える。そうやって、上手くバランスがとれていくのならば、社会の発展はゆっくりではありますが、そんなに問題は生じないでしょう。

しかしながら、現代文明はまったく違います。自動車や飛行機で移動するなど、便利な暮らしをしようと思ったら、その度合いによりけりではありますが、一人当たりのエネルギー消費量が一〇〇倍、一〇〇〇倍になるのです。それを賄っていくのは、並大抵のことではありません。実現しようとすれば、社会の多くの箇所に歪みが生じてしまいます。

そして電気のインフラと並んで、もう一つの重要なインフラが、バングラデシュではいまだに整っていません。それは河川の整備や高潮予防のための堤防の整備などです。

先に述べたように、バングラデシュはオランダと並んで世界一低地の国で、国土の多くが海抜ゼロメートル地帯です。地図を見てもらうと一目瞭然ですが、バングラデシュはガンジス川の巨大なデルタ（三角州）地帯であり、南部の多くが湿地帯です。そこに、近年、気候変動などの影響によって頻繁に大型で強力なサイクロンが来るようになり、高潮や洪水などの災害が頻発しています。

バングラデシュの人たちは、先進国の人のように、電気を大量に使う暮らしをしていません。にもかかわらず、気候変動などの影響でサイクロンが襲来し、洪水などが起こり、これまでの一〇〇倍危険にさらされているのです。

バングラデシュの国際政治での存在感が小さく、世界全体の経済に与える影響も少ないからか、バングラデシュの人々に降りかかる災害を予防するためのインフラ整備――洪水で人が死なないための堤防づくりなどに資金が投入されていません。

電気を一〇〇倍使い、気候変動を進めてしまった責任があるはずの先進国は、バングラデシュに対して、防災対策のための資金を拠出してはいないのです。

九年かかったバングラデシュでの活動

さて、話を一五年ぶりに訪れたバングラデシュに戻しましょう。

一五年ぶりですから、バングラデシュには、知り合いもいなければ、コネクションもありません。私たちのソーシャルビジネスは、まったくのゼロからのスタートでした。

まずは、人脈をつくることが先決だと思い、一年かけて、グラミン銀行や国連の出先機関、ＮＰＯ、クッキーの加工先、各地の小学校などを回り、ユーグレナ社がやりたいこと――必要な栄養素が足りずに栄養失調になっている子どもたちに、栄養素が豊富なユーグレナ入りのクッキーを食べてもらいたいということ――を説明しました。

「なぜ、あなたはバングラデシュのためにそこまでするのか？」

このプロジェクト準備の一年間に、現地の人たちからよく聞かれたのが、この質問です。おそらく、「何か下心があるのだろう」「こいつは怪しい」と疑われたのだと思います。それはある意味で当然で、もし私が逆の立場であれば、きっと私も「話がうますぎる」と訝ったと思います。

子どもたちの親や先生たちにしてみても、日本から来たまったく知らないビジネスパーソンから「栄養があるから給食にユーグレナ入りのクッキーを使ってくれ」と言われても、「はいわかりました」とは答えられません。

そんなとき、私は次のようなことを話しました。

「私は一五年前にもバングラデシュに来たことがあり、グラミン銀行でインターンシップもしました。この近くの小学校にも来たことがあります。それ以来、バングラデシュが大好きなのです。日本とバングラデシュの国旗は似ていますよね。朱色の日の丸が同じで、地色が白か緑かの違いだけです。私が育てているのは栄養が豊富なユーグレナで、バングラデシュの国旗の地色と同じ緑色なんですよ」

バングラデシュが好きで、だから役に立ちたいだけなのだと伝えると、多くの人たちは笑みを浮かべながら納得してくれました。

このようにして、人々の理解を得ることにも一年という時間をかけ、二〇一四年四月、バングラデシュの子どもたちの栄養失調問題の解決を目指して、「ユーグレナＧＥＮＫＩプログラム」を始めました。最初に対象となったのは、首都・ダッカの小学校五校で約二〇〇〇人。小さなスタートでした。

もともと、これがやりたくて二〇〇五年に起業したわけですが、ここまで来るのに足かけ九年かかりました。当初は、「良いことなのだから、すぐにできるのではないか」と思っていたのですが、それは甘い考えだったということです。

「グラミン・ヴェオリア」から学んだこと

この「ユーグレナGENKIプログラム」を拡大するなかで、気づいたことがあります。それは、バングラデシュの人々の大多数が、栄養や健康について教育を受けたことがないということでした。

だから、「携帯電話や中古車が買えるようになったのだから、少しは栄養のある食事に変えよう」という、日本人なら誰でも考えつく発想に至らなかったのです。

もちろん、栄養のある食事をとれない原因としては、先に述べた電気のインフラの問題があります。しかしそれと同じくらい、バングラデシュの人々の栄養や健康に対する知識がないことも問題だったのです。

この問題をどのように解決すべきか。参考にしたのが、私たちよりも先に、グラミングループと一緒に活動していた「グラミン・ヴェオリア」のやり方でした。

バングラデシュの井戸や川の水には、健康被害をもたらすヒ素が多く含まれているため、飲料水には適していません。ですから行政は、井戸や川の水を飲まないようにと住民に指導するのですが、いくら言っても現地の人たちは、こうした危険な水を飲む生活をやめようとしません。

そこで、グラミングループと、上下水道事業の国際企業であるフランスのヴェオリア・ウォーターがタッグを組んだ、「グラミン・ヴェオリア」という組織が、安くて安全な水をバングラデシュの農村に届ける活動を行いました。

活動当初、「安くて安全な水を届けますから、井戸や川の水は飲まないで」という内容のパンフレットを一〇〇〇万枚、農村に配ったそうです。けれども村人は、ヒ素入りの井戸や川の水を飲むのをやめませんでした。なぜなら、パンフレットに書かれた英語の文字が読めなかったからです。

グラミン・ヴェオリアはそこで一計を案じます。パンフレットを「井戸や川の水を飲んだら病気になります。グラミン・ヴェオリアの水を飲むと元気になります」という内容の漫画に変えたのです。

この漫画のパンフレットを持って村を巡り、バングラデシュの公用語であるベンガル語で説明を行うようになって、ようやく飲料水が切り替わり始めたそうです。

じつは同じ失敗を私たちもしました。「ユーグレナＧＥＮＫＩプログラム」のパンフレットは当初、英語で書かれていました。バングラデシュの人たちの多くが、英語を読むことができないということに、気がついていませんでした。だから行く先々の村でパンフレットをどれだけ配っても、反響が弱かったのです。

なぜ子どもに限定してユーグレナ入りクッキーを届けるのか？

その後、グラミン・ヴェオリアの活動を知り、私たちも漫画を使った説明に変えました。さらに、「ユーグレナＧＥＮＫＩプログラム」の対象を子どもたちに限定した理由についても、わかりやすく説明するよう、心掛けました。

「子どものときに栄養失調だった人は、大人になってから栄養をとってもなかなか体調が改善しません。逆に、子どものときに栄養価の高い食品を摂取して成長することができれば、健康で元気な大人になることができます」

このようなことがバングラデシュの人たちにもよくわかるよう、漫画のパンフレットで表現しました。

そのパンフレットを抱えて農村に行き、「骨格が形成される子どものときに栄養価の高い食事をしていれば、成人してからも健康で元気なのでお金を稼げるようになります。逆に、子どものときに栄養を十分とらないと、健康で元気な大人になれず、お金を稼ぐこともできません」と、公用語のベンガル語で説明することで、「ユーグレナＧＥＮＫＩプログラム」の対象となる小学校が増え、地域もどんどん広がっていきました。

今では、六〇校以上、約一万人にユーグレナ入りクッキーを無料配布しています。累計では、二〇二〇年六月に一〇〇〇万食を超えました。

この活動を通して学んだのは、「日本人にとって当たり前だからと言って、誰にとっても当たり前だとは限らない」ということです。バングラデシュの小学校では、校長先生であっても、子どものときの栄養摂取が大事であるということを知らない人が多い。それはそもそも、そのような教育を受けてこなかったからです。

子どものときの栄養価の高い食事が大事なことは、日本人にとっては常識であっても、バングラデシュ人にとってはまったく未知の知識だったのです。

「食べたことがないものを食べてもらう」ために大切なこと

ただ、多くの学校が、こうした説明を聞き、漫画を読んで論理的に理解したから、ユーグレナ入りクッキーを給食に導入することを決めたのかと言えば、必ずしもそうではありません。やはり決め手になったのは、理屈よりも情熱や信頼、共感でした。

私が校長先生の元を訪れ、「私はバングラデシュが大好きです。これを食べれば子どもたちが絶対に元気になるので、一緒にやってみませんか」と訴えて回り、初めて導入が決まるところも多くありました。

バングラデシュにおける日本への信頼度は非常に高いものがあります。それは、これまでに多くの日本人がバングラデシュに対して行ってきた、様々な行為の結果です。特に、JICA（Japan International Cooperation Agency：国際協力機構）が長年にわたり築いてきた信頼があるから、私の話も聞いてもらえました。

こうした日本とバングラデシュの間に築かれた信頼の土台の上に乗っからせてもらい、何とか「ユーグレナGENKIプログラム」もスタートできたのです。

何かプロジェクトを始めるとき、多くの人は理屈から入ろうとします。
「ユーグレナには栄養素が五九種類入っています。バングラデシュの一日平均摂取カロリーと栄養分布のチャートはこのようになっており、不足している栄養分をユーグレナ入りクッキーを食べることで、満たすようにしましょう」

こうした理屈を説明するほうが、相手に対しても誠意を尽くせるし、丁寧だと思っている人が多くいます。しかし、理屈を説明することが、本当に相手のことを第一に考えた行動なのでしょうか。

これまでに食べたことがないものを食べてもらうこと、自分たちの文化にないものを新しく取り入れてもらうことは、本当に大変なことです。そのときに大切になるのは、理屈ではありません。

では、理屈でないとしたら何が大切なのか。私は情熱や信頼、共感だと考えています。まずは、自分が子どもたちの中に入っていき、ユーグレナ入りクッキーを一緒に食べる。これを、情熱をもって続けていると、実際にクッキーを食べ続けている子どもたちが元気になるという変化が現れます。子どもたちが元気になると、それを見た大人が「じゃあ、うちでもやってみるか」という気持ちになります。

情熱や信頼、共感といった相手の感情を動かす以外に、新しい取り組みや新しいプロジェクトが広がる、浸透する方法はないと、私は思っています。

ここまで紹介してきた「ユーグレナGENKIプログラム」は、SDGsとの関係で言えば、最初の「貧困をなくそう」という開発目標の達成を目指したものです。

なぜなら、健康な身体なくしてお金を稼ぐことはできないから。先にも述べた通り、貧困から抜け出せないのは、貧困層の人たちが勉強や仕事をサボったり怠けているからではなく、勉強や仕事をがんばりたくても、がんばれない健康状態だからです。

そして、健康な大人になるためには、子ども時代の栄養摂取が絶対に不可欠であり、それを貧困問題の解決の糸口とした取り組みが「ユーグレナGENKIプログラム」なのです。

理屈で人を動かそうとした欧米の失敗

ここで、ソーシャルビジネスやSDGsに取り組む際の注意点や問題点をいくつか指摘しておきたいと思います。

まず、先ほど述べたように、プロジェクトを始めるときに、理屈から入るのはあまり得策ではないという点に注意を払う必要があります。

紹介したヴェオリアなどの一部の例外を除き、先進国の人々は一般的に、理屈を説明する方法でプロジェクトをスタートしてきました。そして、それらのプロジェクトの多くが、アジアやアフリカの発展途上国において失敗してきました。

近代文明にどっぷり浸かった先進国の人たちにしてみれば、理屈が先にあり、それが絶対なのです。啓蒙主義で、はっきり言えば、上から目線です。

たとえば、親から上から目線で理屈を説明されて、「勉強しなさい」「これしなさい」「あれしなさい」と言われて、それに素直に従う子どもがいるでしょうか。親の言葉であってもそうなのです。

逆に、好きな人や尊敬している人、憧れている人に言われて初めて、「じゃあ、ちょっとやってみようかな」と思うのではないでしょうか。

さらに言えば、ＡＩ（人工知能）に「あなたにとってのベストはこれです」と指示されて、あなたは素直にそれに従うでしょうか。当然ながらＡＩの信用度や提示された内容にもよるでしょうが、「機械に指図されたくない」といった反発心もあるはずです。

理屈やデータを論理的に理解して動く人ももちろんいますが、全員が理屈やデータで動くと思ったら大間違いです。

たまたま産業革命の流れに先に乗り、新しいテクノロジーやライフスタイルにたどり着いたに過ぎない、という謙虚さが、多くの先進国の人たちにはありません。また、こうした理屈やデータで説得しようとする人ほど、現地を訪れようとしません。相手の事情などを知ろうともせず、自分たちにとって正しいことだけを主張して、それに従わせようとします。だから、発展途上国の人たちに何かを広げようと思ってもなかなか広がらないのです。

私自身が現地に行き、「バングラデシュが大好きです」などと言うので、現地の人も

「しょうがないなあ。だったらやってみようか」となるのです。社会問題を解決したいなら、このアプローチしかないと私は思います。

もちろん、理屈やデータからスタートする先進国流を否定するわけではありません。五〇%はそれでうまくいくのでしょう。ただ、残りの五〇%は、「この社会問題を解決したい」という熱い想いや情熱からスタートする方法でないとうまくいかないのではないか、というのが私の経験から言えることです。

理屈やデータから入るのは、儲かるか、儲からないかを調べ、儲かると判断したものだけをやり、儲からないものはやらないという論理で進んでいくのと同様の手法です。それでうまくいく分野がある一方で、それとはまったく逆のやり方でうまくいく分野も、世界にはまだまだたくさんあります。

ダノンはなぜバングラデシュで活動するのか?

グラミングループと協働している、水メジャーのヴェオリアは、こうしたソーシャルビジネスの本質をよく理解して活動しています。そしてダノンもまた、私たちよりもはるかに先行してグラミングループとの合弁事業「グラミン・ダノン・フーズ」としてバングラデシュで優れた活動を行っています。

ダノンはフランスのパリに本社がある、食品業界における世界有数の多国籍企業です。ヨーグルトやミネラルウォーター、シリアル食品やビスケットなどが有名で、世界中で製造・販売しています。

そのダノンが、バングラデシュでどのような食品を扱っているかと言うと、ヨーグルトです。先に述べたように、電気が不足しているバングラデシュでは、乳製品を流通させることが難しいのですが、グラミン・ダノンは、ヨーグルト、しかも冷蔵庫で冷やす必要のないタイプのヨーグルトの普及を行っています。インドのラッシーのような少し酸っぱいヨーグルト飲料で、カルシウムやアミノ酸を摂取することができます。

ヴェオリアもダノンも、私たちユーグレナ社よりもかなり以前からグラミングループと協働し、こうした活動をバングラデシュで行っていますが、その目的はどこにあるのでしょうか。

バングラデシュの農村の人たちは、極度の貧困とされる一日一・九ドル以下で生活しています。そんな人たちに飲み水やヨーグルト飲料を販売しようとしても、なかなか買ってもらえません。いや、買えません。

つまり、儲かるはずがないのです。では、なぜヴェオリアやダノンはバングラデシュで活動しているのでしょうか。それは、ソーシャルビジネスをやりたいからです。

ダノンのバングラデシュでの活動は、エマニュエル・ファベールという人が始めました。彼は現在、同社のCEOを務めていますが、その彼が、二〇〇九年に発展途上国の支援を行うダノンエコシステムファンドを立ち上げました。

バングラデシュは、これから一〇年後、二〇年後には、今以上に経済的成長を遂げ、裕福になることでしょう。他のアジア各国も同様に裕福になることでしょう。さらに、三〇年後にはアフリカの国々も裕福になります。そのときに、ダノンはこう言うはずです。

「みなさんの健康のために何が必要なのか。私たちは、みなさんのことがよくわかっています。私たちは、バングラデシュの人々の健康のために、長らくヨーグルト飲料を提供してきました。同じようにアジアの人々や、アフリカの人々の健康のために考えてつくった食品がこれです」

これに対してライバル企業は、こう言うでしょう。

「健康状況を調査したところ、ビタミンが◯ミリグラム、カルシウムが△ミリグラム不足していることがわかりました。それら全部が入っている食品がこれです」

経済成長を遂げたアジアやアフリカの人たちはどちらの食品を選ぶでしょうか。

そして、選ぶのはその食品だけではありません。どちらの企業の製品やサービスを選び、どちらの企業に就職したいと思うのか。答えは明白でしょう。そしてダノンは間違いなく、これから一〇〇年、生き残ることができます。

逆に、ダノン以外のライバル企業は、消費者に商品やサービスが選ばれなくなり、あるいは優秀な人材が入社しなくなり、最終的には潰れてしまうことでしょう。人々から信頼を得られる企業とそうではない企業、その差が企業の継続、持続可能性を決める時代なのです。

平気で「あとづけ」を語るしたたかさ

このような未来像をダノンの経営層が予測して、エマニュエル・ファベール氏にバングラデシュでソーシャルビジネスをやらせ、その後、CEOにしたわけではないと思います。しかし、そこまでわかってやっているわけではないけれども、実際にチャレンジしたところが、大事なポイントです。

ただ、もし今、「なぜファベールをバングラデシュに行かせ、その後、CEOにしたのですか」と聞かれればこう答えるかもしれません。

「ファベールに期待していたからバングラデシュに派遣し、彼がその期待に応えて、バングラデシュにおけるダノンブランドを見事に構築した。だから、本社のCEOにしたのだ」と。


それを真に受けて、日本企業も真似しようとするから、追いつけないのです。成功事例を認識し、「ほぼ失敗しない」ことがわかってから動こうとしているようでは、すでに手遅れです。

日本企業やライバル企業が自分たちの真似をすることも考慮に入れて、自分たちのアドバンテージを守るためなら、平気で「あとづけ」の話をするぐらいのしたたかさが、欧米企業にはあります。

彼らは、確信がないことでもやってみて、うまくいったときには、成功が見えていましたと言います。なぜなら、本当のことを言ったら、すぐに真似されて簡単に追いつかれてしまうからです。

リスクテイクに見合ったアドバンテージ、つまり先行者利益を守るためなら、事実と違う「あとづけ」の話を、まるでそうだったかのように、欧米企業は語ります。それくらいのことは、当然だと考えています。「敵に塩を送る」ようなことは、ほとんどしません。

先行する欧米企業は、このように自分たちの生き残り戦略の中にソーシャルビジネスを埋め込んで考えています。それが企業にとってのソーシャルビジネスやＳＤＧｓの本当の意味です。

また、ソーシャルビジネスで大事なのは、熱い想いや高い志でスタートして、とにかく急いでどんどん実行することです。「三年計画を立て……」などと、時間をかけて悠長に行おうとする時点で、間違っています。

もちろん、工場を建設するときに、「熱い想いで、ここに建設したいのです」と言えば、「何を言っているんだ」「きちんと事業計画を立ててからにしろ」と言われるでしょう。

しかし、ソーシャルビジネスに関するプロジェクトなら、厳密な事業計画ではなく、まずはやってみることが大切です。両者のフィールドがまったく違うということを、認識すべきでしょう。

「日本企業は日本独自のやり方でSDGsに取り組んできた。『三方よし』や『もったいない精神』で江戸時代からずっと今日までやってきた。それで十分ではないか」という気持ちが前に出てしまうと、これまでのやり方を変えようとは、なかなかなりません。

これまでのやり方を変えようとしないこと、それが日本企業にとって、様々な社会問題の解決に取り組む際の一番の障壁になっているのではないでしょうか。

将来の「ちょっとズルい夢」

ここまで、私たちユーグレナ社や、ヴェオリアやダノンの実践事例などを紹介しながら、ソーシャルビジネスについて述べてきました。

読者の中には、なぜ私たちが社会問題を解決するためにソーシャルビジネスを熱心に行っているのか、今ひとつ理解できない、腹落ちしない人もいるかもしれません。

私自身、ユヌス先生がなぜあれほどがんばっているのか、最初はわかりませんでした。

でも今はわかります。

ただし、これは言葉で伝わることではないでしょう。これだけは知行合一《ちこうごういつ》で、知識だけではなく、行動だけでもなく、身体で理解したり、腹落ちするものなのです。

私に言えるのは、「ユーグレナ入りのクッキーを食べて元気になった」とバングラデシュの子どもたちに笑顔で言われたら、どれだけ元気がわいてくるか、どれだけ疲れが吹き飛ぶか、ということです。

他人に感謝され、喜ばれることの嬉しさ。そこから生まれる感動。やりがいを感じて、さらに皆のためにがんばろうという気持ちをもつこと。こうした感覚は、どんな人間にも間違いなくあるものです。いまだ実感できていない人でも、そんな場面に遭遇すればきっと、私と同じ気持ちになると思います。

ただ、私が一〇〇%、利他の心でソーシャルビジネスを行っているのかと言えば、それも違います。自分で言うのもなんですが、性格的にズルいところは当然ありますし、それでいいと思っています。バングラデシュで活動するのにも、「ちょっとズルい夢」があります。

バングラデシュを含むベンガル地方は、ラビンドラナート・タゴール氏のような詩人など、世界的にも新しい文化が生まれてくるところです。アートの素養がある人が多くいます。

私は音楽が大好きなので、いつか必ずバングラデシュや、ミャンマーで迫害されて逃れてきた難民キャンプにいるロヒンギャの人々の中から、才能豊かな、たとえば世界的なピアニストなどが生まれてくると信じています。

人は本当に好きなことであれば、どんな困難でも乗り越えられると思っていますが、そのために一つだけ必要なものがあります。それが健康です。健康でない人は、才能を発揮することができません。

才能豊かなピアニストも、幼少のときは十分な食料がなく、風邪気味で免疫力がなくてピアノの練習に集中できなかった。ところが、ユーグレナ入りのクッキーを食べて元気になり、健康になりました。

その子が成長し、ショパンコンクールで優勝して、世界をツアーで周る。日本ではサントリーホールでコンサートが行われることでしょう。しかし、そのチケットは人気があって入手できない。そのときに初めて私はズルをします。

コンサート会場近くのファミリーマートには、ユーグレナのマークがついた食品が置いてあります。それを買ってピアニストのマネージャーに渡し、こう伝えてくださいと言います。

「これは、私の会社がつくっています。あなたのピアノが聞きたいので、ホールのどこでもいいので聞かせてください」

「一億円払いますから聞かせてください」と言ったらOKしてくれるでしょうか。おそらく一億円でも、一〇〇億円でも、お金では決してOKしてくれないでしょう。

しかし、子どものときに食べていた、ユーグレナ入りのクッキーに描かれていたマークと同じマークが、その食品についているのを見て、「これをつくっていた人なのか」と気づき、それならば、「席はないけれども、舞台の袖でよければ聞いてください」と言ってくれて、素晴らしい演奏を聴くことができる。

こんな妄想をときどきしています。私はこの妄想――ちょっとズルい夢が現実になると信じています。

一〇〇％利他の心で活動することはできませんし、ナイチンゲールやブッダの心境に至ることも私にはできません。ただ、もし役得があるのなら、バングラデシュ出身の世界的ピアニストが演奏するショパンの「革命のエチュード」を聴きたいなあ……と。それを聴くまでは、どんなに大変でも、がんばって、バングラデシュでのソーシャルビジネスを続けていこうと思っています。

第2部　挑戦

――ユーグレナのサステナブルビジネス

3章

持続可能なビジネスで大切なこと

二〇〇五年、ユーグレナ創業

二〇〇五年、私はユーグレナ社を創業しました。そのときの想いは、「ユーグレナで貧困をなくす」「ユーグレナで世界を救う」というものでした。

しかし、どの企業もそうだと思いますが、創業から最初の三年間は本当に大変で、とにかく事業を一歩でも前に進めるため、軌道に乗せるために、苦しい日々を過ごしました。どん底の期間だったと言ってもいいかもしれません。

この間は、正直なところ貧困などの社会問題について考える余裕は、ほとんどありませんでした。

そもそも、二〇〇八年に起きたリーマンショックのインパクトの凄さにすら、気づかなかったぐらいです。

本当によちよち歩きのベンチャー企業の経営者でしたから、自分たちのことで精一杯で、世の中全般の経済環境がどうなっているのかさえ目に入らず、リーマンショックは、自分たちとはまったく関係のないことと捉えていたのです。

ただ、先に述べたように、ユーグレナ社を応援してくれる人が増えたのは、この二〇〇八年頃からで、東日本大震災の二〇一一年以後、さらに応援してくれる人が増えました。やはり、リーマンショックと東日本大震災が、私たちにとってもターニングポイントだったのだと思います。

もちろん、当時はそんなことにはまったく気づくこともなく、会社とその仲間たちと一緒に生き残るために、とにかく必死でした。

私がユーグレナをビジネスに選んだのは、これまでの資本主義の価値観で「一発、儲けよう」などと思ったからではありません。儲けようと思ってユーグレナを選ぶ人がいたら、私だってこう声をかけるでしょう。

「もう少し、経済やビジネスのことを勉強したほうがいいんじゃないですか」

では、儲けようと思わずに、何のために起業したのか。それはユーグレナが貧困層の栄養失調問題を解決してくれ、しかもCO_2（二酸化炭素）の削減にもつながる夢のような生物だったからです。そんなユーグレナを活用したビジネスに挑戦しようとしているのだから、誰もが私たちを応援してくれるだろう。そんな非常に子どもっぽい考えでスタートしました。

だから、「ユーグレナって儲かるの？」と聞かれたときには心底びっくりしました。儲かるわけがありません。儲かると思ってユーグレナを育てる人はいません。私だって儲けたいなら、他の事業をやっています。儲かるビジネスならほかに山のようにありますから。

裏を返せば、「儲かるの？」と聞いてくれた人が、私に世の中の仕組み、資本主義の仕組みを初めて教えてくれたのだと思います。

「そうか。会社は儲けなければならないのか。それならそうと、起業する前に言ってよ」

これが私の偽らざる本音でした。確かに、自分の生活費はもちろん、仲間である社員やその家族の生活費も稼がなくてはなりませんから、「これはなかなか厳しいな」と起業してから痛感したのを覚えています。

CO_2という「ゴミ」を再び自然に還元する

「Sustainability First（サステナビリティ・ファースト）」をユーグレナ・フィロソフィーとして掲げたのは二〇二〇年ですが、創業当時からユーグレナを活用して持続可能な社会を実現したいという思いはありました。

たとえば、私たちが行っている事業の一つであるバイオ燃料事業は、ＳＤＧｓ一三番目の持続可能な社会を実現するための「気候変動に具体的な対策」となることを目指しています。

現在の、大量生産・大量消費や、便利な生活インフラを支えているのは、石油、石炭、天然ガスなどの地下資源です。これらは、あるとき爆発的に増えたわけではありません。地球が一億年をかけて生み出したものです。

それを人間が安いコストで大量に掘り起こし、大量に使っています。つまり、石油などの地下資源は、不当に安い価格で売買されているのです。そして、石油などの利活用には、持続可能性という観点が完全に抜け落ちています。

石油も、石炭も、天然ガスも、燃やすことで膨大なエネルギーを取り出すことができます。最後に残る「ゴミ」がCO_2です。このゴミは無臭で目に見えませんが、地球の気候変動に最も影響していると言われています。もし生ゴミのように悪臭を放ち、目に見えて汚かったり、人を不快にするものであったら、CO_2を集めて回収し、コストを払って処理することになったでしょう。しかし、CO_2は目に見えず、臭いもないため、そうはならず、空気中に放出され続けています。

CO_2は、エネルギーを取り出せないという意味ではゴミなのですが、そのゴミを、光合成によってもう一度自然に還元することができるのが、ユーグレナです。

CO_2を還元したユーグレナをバイオ燃料に変換し、再びエネルギーを取り出すためには、今は多額のコストがかかります。

これまでの資本主義では、より安く、より大量に、よりたくさん儲けることが求められます。ですから、ユーグレナを活用したバイオ燃料の開発に対しては、「多額のコストをかけて、何のためにやっているのか」と、投資家から非難されることもあります。

しかし、CO_2というゴミを吸収したユーグレナを活用したバイオ燃料、その開発にかかるコストは、持続可能な循環型社会を実現するために必要不可欠な投資なのです。気合いと根性だけでは持続可能な社会を実現することはできません。適切な技術開発が絶対に必要で、それには多額のコストがかかるのです。

目に見えないCO_2というゴミを、再び自然に還元するためのこうした投資を、いかにして社会全体で負担していくのか。社会の中にどのように包摂していくのか。これらの問いは、人類全体に投げかけられた問いであり、私たちがこれから考え続けて答えを出さなければならない問題です。

循環で大切なのは、下から上に上げる仕組み

私たちが行っているバイオ燃料事業が、なぜ持続可能な社会を実現するのに必要なのか、もう少し説明しましょう。

まず、地球全体のエネルギー循環について考えてみます。空から雨が降り、それが集まって小川になり、滝になり、大きな川になって海に流れ出ます。このように水は基本的に上から下に流れますが、海まで行った水は、蒸散して水蒸気となり上空まで上げられ、そ

れがまた雨になって下に落ちてきます。

こうした循環が半永久的に持続可能なのは、なぜでしょうか。それは、地球に太陽からのエネルギーのインプットが常にあるからです。太陽光の熱によって、海の水が蒸散して水蒸気となり、上空に上げられ、地球上の水の循環が可能になっているのです。

持続可能な循環型社会においては、この一番下から一番上に上げる仕組みが不可欠となります。先ほどの石油などのエネルギーで言えば、「ゴミ」となった一番下のCO_2を、再び上に上げる力が必要なのです。その力の一つが光合成です。

植物が行う光合成によって、CO_2が吸収され、酸素に変換される。それは、地球全体のエネルギー循環にもつながりますが、一方で、酸素を得た動物が、エネルギーを生み出すことができるようにもなります。

そして、太陽エネルギーのインプットが人類にとって無限だと仮定するならば、太陽の光を使って循環型のシステムを構築していくことが、持続可能な社会を実現することになります。

ただし、光合成は時間がかかるので、自然に任せていては排出されるCO_2を大量に吸収することができません。ユーグレナの光合成の能力は熱帯雨林と同じぐらいあるので、光合成のスピードを上げるために、ユーグレナの培養が役に立ちます。

CO_2を空気中に捨て続ける直線的な社会から循環型社会に移行するためには、このユーグレナの培養という仕組みが役立つのですが、この仕組みをつくるためのコストは、果たして、いち民間企業が負うべきコストなのでしょうか。本来的にはそうではないと思います。しかし二〇二五年までは、「ユーグレナ社が勝手にやっていること」でいいと思っています。

「これからは持続可能な循環型社会でなければならない。だから、CO_2というゴミを効率よく光合成するために、アマゾン川流域をもう一度、昔のアマゾンに戻しましょう。パワフルな地球の肺にパワーアップしていきましょう。それを加速するために、ユーグレナの大量培養も活用して循環の速度を上げましょう」

二〇二五年以後は、こういう社会に変わっていることでしょう。

一〇〇億人が持続可能な社会のメンバーになるために

石油から得られるエネルギーは、どっと流れ落ちるナイアガラ瀑布のような膨大なエネルギーです。これに対して、ユーグレナのバイオ燃料は、まだチョロチョロと流れる小川程度のエネルギーしか生み出せません。

この滝のような膨大なエネルギーで世界の約八〇億人が生活しているわけですから、チョロチョロと流れる小川程度のエネルギーではまったく代替できません。では、チョロチョロ小川を滝に変えるために、人間は何をすべきなのか。

世界の約八〇億人が、滝のようなエネルギーを消費しなければ生きていけないのだとすれば、エネルギーゼロで下流の水を汲み上げて、滝のような流れのエネルギーを生み出すしかありません。そのためには巨額の投資が必要となります。

現在の世界人口の一〇〇分の一、八〇〇〇万人なら、小川程度のエネルギーに基づく循環型社会で生きていけます。しかし、それは非現実的です。

私は、一〇〇%儲けるためだけにユーグレナ社でバイオ燃料事業を行っているわけではありません。それは、持続可能ではない現在の社会を持続可能な社会につくりかえるために必要不可欠な技術、仕組みだと考えているからやっているのです。

現在の地球には、巨額の投資を行うための資金の蓄積も、技術開発を進めるだけの科学的蓄積も十分にあると思います。八〇〇〇万人しか生きられない地球ではなく、八〇億人、いや一〇〇億人が生きていくことができる地球にすることは可能なのです。

原子力発電所の事故や新型コロナウイルス感染症のパンデミックでわかったように、科学が一〇〇%万能なわけではありません。しかしながら、科学技術が、この二〇〇年で偉大な進歩を遂げ、膨大な蓄積を築いてきたこともまた事実です。それをきちんと活用すべきでしょう。

私は、科学が様々な技術的問題を誠実に解決できると信じています。

これまでの素晴らしい科学の蓄積を使って、八〇億人みんなが持続可能な循環型社会のメンバーになれるようにしたい。

そのためには、NPOやNGO的な考え方と資本主義の株式会社がハイブリッドになっているソーシャルビジネスや、持続可能な社会の実現を目指すサステナブルビジネスがエンジンになる必要があるのです。

セルフリスクで「スモール・アーリー・サクセス」をつくる

ただ、一人、あるいは一社、一組織にできることは限られています。だから、同じ目標を共有するもの同士がパートナーとして協力することが大事なことは言うまでもありません。

だからと言って、私たちのようなベンチャー企業がいきなり国連に行って、「一〇〇億円ください。そうすれば一〇〇万人が救われます」と言っても、何の実績もありませんから、資金を出してくれるはずがありません。「このベンチャー企業が提案しているプランは、どこまで実現性があるのか」などと調べることすら、国連にとっては面倒なことなのです。

国連のような大組織や大企業は、「組織が大きいから、様々なことを調整せねばならず、新しいプロジェクトを動かすことが難しい」とみんな言います。

それを突破するのが、「スモール・アーリー・サクセス」、小さくて早い成功です。

私は、二〇二五年以後、主流となるであろうソーシャルビジネスやサステナブルビジネスで成功する秘訣は、セルフリスクでスモール・アーリー・サクセスをつくることだと、自分たちの経験から考えています。

カタカナばかりなので言い換えると、自分がとれるリスクの範囲で、小さく、早く、成功事例をつくるということです。これが、「どうすればソーシャルビジネスで成功しますか」「どうすれば他社や他の組織と協力関係を築けますか」という質問に対する、私にとって唯一無二の答えです。

現在、大企業も、国連も、ある程度の投資資金は確保しています。その一方で、良い技術や良いアイデアがなくて困っています。「何かやりたい。でも投資先がなくて困っている」のです。だから、小さな成功であっても積み重ねていけば、それを大企業や大組織が見つけて、投資してくれるかもしれないのです。

地球の歴史を振り返ってみても、生態系が大きく変わるときに大事になるのは、小さくて早いことです。

恐竜時代の最後の時期、巨大なティラノサウルスと、巨大なトリケラトプスが覇者でした。しかし、巨大隕石が地球に衝突し、その際に生じた膨大な粉塵が地球全体を長い期間覆い、地上に太陽光が届かなくなるなど、地球環境が激変したことにより、どちらも絶滅してしまいます。

この状況下で生き残ったのは、小さくてすばしっこいネズミのような哺乳類でした。小さくて速く動ける利点を活かし、いち早く、食べものを見つけ、自分たちが生存できる場所を見つけ出したから、激変した環境下でも生き残ることができたのでしょう。

儲ける価値観からサステナブルな価値観へと、価値観の大転換が起きるとき、ビジネス環境が一八〇度変わるときにも、規模は小さくても、素早く意思決定や行動ができる企業が、その利点をフルに活かして様々な挑戦をし、小さくても素早く成功事例をつくることができ、生き残ることができるはずです。

そして、こうしたスモール・アーリー・サクセスを生み出した企業が連携することで、これまでの資本主義下のビジネスとは違う、新しいサステナブルビジネスが次々につくられていくのではないかと期待しています。

激変期に何をしたらいいのかは、地球の歴史を参考にすればいいのかもしれません。

小さな成功でも積み重ねれば大組織が見つけてくれる

ＵＮＤＰ（United Nation Development Programme：国際連合開発計画）の二〇一九年の発表によれば、多次元貧困層が約一三億人、栄養失調の人が約八・二億人、食料不足の人たちも約八・二億人、地球上にいます。

こうした数字を見て、多くの人たちは、「一〇億人をどうやったら助けられるだろうか」と言います。しかし、その数字の大きさのあまり、何も行動を起こしません。

私も世界中に貧困や栄養失調、食料不足で苦しんでいる人が一〇億人前後いることは知っています。でも、まず、バングラデシュで二〇〇〇人を助けることにしました。一〇億人に比べたらものすごく少ないけれども、それでも二〇〇〇人を確実に助けることはできます。

自分たちでできる範囲、つまりセルフリスクで、できることをまず行ったのです。

二〇〇〇人からスタートした「ユーグレナGENKIプログラム」は、その後、三〇〇〇人になり、五〇〇〇人になり、一万人になりました。私たちの噂がバングラデシュの企業などにも広まり、存在が知られるようになります。そして、こう言われます。

「なかなかいいことをやっているじゃないか。実績もある。それなら、ロヒンギャの難民キャンプにもユーグレナ入りのクッキーを持って行けないか」

二〇一七年一二月、バングラデシュのパートナー企業やダッカ大学の学生の支援も受けて、私たちは二〇万食をロヒンギャの難民キャンプに持って行き、配布しました。

このように、自分たちにできる小さな規模でいいので、素早く成功事例をつくるというのが、ソーシャルビジネスにおける成功の秘訣であり、個人のこれからの生き方だと私は思っています。

小さな成功事例であっても、いくつも成功させていれば、それを大企業や国連、政府機関が見つけて、向こうからこう言ってきます。

「一回ではなく、毎週、毎日やってくれ」「いくらでできるの?」「私たちと一緒にやりましょう。一緒に考えましょう」

私たちの場合は、まずＦＡＯ（Food and Agriculture Organization of the United Nations：国際連合食糧農業機関）から声がかかり、次にＷＦＰ（United Nation World Food Programme：国際連合世界食糧計画）から、最後にＵＮＤＰから声をかけてもらい、現在、これら三つの代表的な国連組織と協働で、オフィシャルプログラムを行っています。

おそらく、大企業などであっても、ＦＡＯとＷＦＰとＵＮＤＰという三つの組織から「一緒に何かやりましょう」と声をかけられ、実際に一緒にプログラムを実行したことがある日本企業はないのではないでしょうか。

国連の諸機関も大企業も、どちらも大型恐竜みたいな大組織です。このため、物事を前に進めるには膨大な調整を行う必要がありますが、実際には調整が難航し、なかなか物事が前に進みません。

その点、私たちユーグレナ社は、スモール・アーリー・サクセスを信条としているので、スピード感をもって前に進んでいけます。組織が小さいことは、デメリットにならないどころか、メリットにさえなるのです。

「一〇億人を助けよう」と考えるな

ＦＡＯとＷＦＰとＵＮＤＰの三つの代表的な国連組織とオフィシャルプログラムを実行しているのは、世界的に見てもあまり先例がないのではないかと思います。

ソーシャルビジネスをやりたいなら、バングラデシュでもどこでも始めてしまうことです。そして、成功したら別の場所で次のプロジェクト、また成功したら次と、連続してやっていれば、そのうち大きな組織や大企業の誰かの目にとまります。

何もやっていない、小さな成功事例さえない企業に、国連などの大組織が率先して声をかけてくる可能性はゼロです。日本には約四二〇万社も企業があり、東証一部上場企業に限っても二〇〇〇社以上あります。その中から国連が自分たちに最適な一社を見つけ出せるはずがありません。だから何も始まらないのです。

そして真面目な人ほど、「セルフリスクで一〇億人を助けよう」と考えてしまいます。「一〇億人全員を助けないと不平等だ」と言う人もいます。実際、私もこう言われたことがあります。

「なぜバングラデシュの一万人だけなのか。困っている人は世界に一〇億人いるのだから、一〇億人に届けないとかわいそうじゃないか」

でも、それはこれまでの価値観、これまでの発想であり、こうした考え方では、絶滅した恐竜と同じ道を歩むことになるのではないでしょうか。

私は国連の職員ではありません。誰に頼まれたのでもなく、私のセルフリスクで勝手にバングラデシュに行って、二〇〇〇人からソーシャルビジネスを始めました。それが今は毎日一万人の子どもたちにユーグレナ入りクッキーを配るまでになりました。

大切なのは、いきなり一〇億人を助けることを考えるのではなく、自分でとることが可能なリスクの範囲で小さく早く成功すること、そして小さな成功を積み重ねることです。

こうした小さな成功を積み重ねる企業がいくつも出てくれれば、お互いに協力することで、支援できる人の数が一万人からいつしか一〇万人なり、一〇万人がいつしか一〇〇万人になるかもしれません。

最初は小さなスタートだったとしても、まずはそれを成功させることです。それを繰り返していれば、「一緒にやろう」と声をかけられることもあれば、逆にこちらから声をかけることもできるようになるでしょう。同じ目標をもつもの同士が協働できれば、より大きな結果を出すことができます。

「パートナーシップで目標を達成しよう」というＳＤＧｓの一七番目の開発目標でも、多くの企業や組織が、セルフリスクでスモール・アーリー・サクセスをつくることが、大事になると考えています。

4章

持続可能な社会の主役は農業

農業と金融資本主義は、相性が最悪

私たちがユーグレナ入りクッキーをバングラデシュで配ったり、ユーグレナを活用したバイオ燃料の開発ができるのは、ユーグレナを大量培養する技術を確立したからです。このユーグレナの培養というのは、農業でコメや野菜を育てるのと基本的には変わりません。

私は、農業こそが、持続可能な社会の主力産業になると考えています。どういうことか説明しましょう。

現在、農業にはあまり脚光が当たっていませんが、それはこれまでの資本主義、特に金融資本主義との相性が最悪だからです。言ってみれば、金融資本主義の対極にあるのが、農業だと言えます。

金融資本主義下で行われている株式の超高速取引は、一秒間に何千回もの取引ができます。一方でたとえばコメは、日本の多くの地域で一年間に一回しか収穫できません。リンゴも一年間に一回しか穫れません。一年間に一回しか穫れないのに、「来週には収穫できるだろう」というときに台風が来て、収穫に大打撃を与えたりするのです。

超高速取引は一秒間に何千回も取引をすることで、一億円、一〇億円、一〇〇億円と、儲けることができます。農業では、こうしたことは絶対に不可能です。一年間で収穫量を二倍にすることすら難しく、仮に二倍収穫できたとしても、人々が二倍食べてくれるわけではありません。供給を増やせても、需要がそのままなら価格が下がり、結果、収穫が増えても収益は増えないのです。

GDPが一〇倍成長しました、一〇〇倍成長しました、マーケットが一〇〇〇倍大きくなりましたと言っても、リンゴを一〇〇〇倍食べる人はいないでしょう。

人口と農業生産量は深く関係していて、「人の口」が増えることでしか、農業は成長しないのです。金融の世界とは成長スピードがまったく異なるため、金融資本主義下では、農業は儲からない、ダサい産業となってしまっています。


しかし、金融資本主義が終わったとしたら、どうなるでしょうか。

一億円もっていても、コメやリンゴなどの農産物を食べなければ、人は死んでしまいます。画期的なAIソフトが開発されて、一〇〇万円を預ければ一億円にしてくれるようになったとしても、食料が存在しなければ、人は生きていくことができないのです。

つまり、そもそも、お金よりも、おいしいコメやリンゴのほうに価値がある、と考えることができるはずなのです。

農業に携わる人たちは、日々、身体をフルに使ってコメやリンゴを生産しています。だから、台風などの自然災害で生産物を収穫できなかったときなど、それがどれだけ貴重なものだったかを、身体感覚をともなって実感されます。

その感覚を私たちも共有することが、持続可能な社会では求められるのだと思います。

また、ＳＤＧｓが求める持続可能な社会においては、農業的な考え方が一番フィットするのではないか、とも考えています。農業や林業、水産業は循環社会を形づくる存在そのものであり、農林水産業を実際に行うと自然界における持続可能ということがどういうことなのか、身をもって理解することができるからです。

気候や風土の変化などによって、農産物の出来栄えや収穫量は毎年大きく変わります。それを当たり前のことと受けとめて、臨機応変に対応していくのが農林水産業です。自然の摂理に合わせて生きていく。それこそが持続可能な社会につながるのではないでしょうか。

演繹的なITや金融、帰納的な農林水産

ＳＤＧｓが求める持続可能な社会と相性がいいのが農林水産業だとしたら、その対極にある金融資本主義は、持続可能な社会とは相性が悪いと言えるでしょう。そして、ＩＴ（Information Technology：情報技術）もまた、金融資本主義と相性がいいだけに、持続可能な社会とは相性が悪いのです。

ＩＴは、金融資本主義同様に、指数関数的に発展することができます。有名な半導体の「ムーアの法則」が一番わかりやすいですが、集積回路上のトランジスタ数は、二年後に二・五倍、五年後には一〇倍、一〇年後には一〇一倍、二〇年後には一万倍になると言われています。

このように指数関数的に発展していくのがＩＴです。だから、同様に指数関数的に増える金融資本主義とも相性がいいのです。

GAFA（グーグル、アップル、フェイスブック、アマゾン）に代表されるプラットフォーマーは、中核的な理念や価値観をもっており、それを演繹的にアメリカから世界に広げています。それぞれの国に合った形にカスタマイズなどしません。アメリカのシリコンバレーなどでつくったシステムや方法を、そのまま世界中に広げています。

この演繹的な方法では絶対に私たち日本人は勝てません。

究極の解や、これが絶対に正しいのだというものが一つあり、それをどんな場面にも当てはめていくのが演繹という考え方です。アメリカが推し進めるグローバリズムも基本的には同じ考え方に基づくものです。

一方、農業はそうではありません。おいしいと感じるコメは、人によって違います。コシヒカリが好きな人もいれば、ひとめぼれが好きな人もいます。究極的な一つの解というものが、そもそもないのが農業です。

ある人はマグロが好きと言い、ある人はカツオが好きだと言います。アジやイワシが好きな人もいれば、タコやイカが好きな人もいます。ですから、究極の水産業というものもありません。

一つだけの正解というものが、農業や林業、水産業などには存在しません。「これが究極の農産物だから、これを安くつくって、みんなで幸せになりましょう」とはならないのです。

まず、いろいろなことを試して、その個々の具体的な事象から一般的な命題や法則を考え出すのが、帰納という考え方です。農林水産業はこの帰納的なやり方とよくマッチします。ＩＴや金融は逆に、演繹的なやり方とマッチします。

究極の解があるわけではないので、いろいろ試しているうちに、ある人にとってはおいしいコメができます。それが当然のことですし、誰もそのやり方を批判しません。農学とはそうした試行錯誤を繰り返すことで、多種多様なやり方を見つけ出す学問です。

農学部では、一年生のときに一つの理論を習い、それを追究していくという学び方はしません。まずは、いろいろな農家に行って自ら農業を体験します。現場が何よりも一番大事だということを農学部では最初に教えるのです。

この対極に位置するのが数学や物理学です。これらには、究極的な解が一つ必ず存在します。科学的真理と言ってもいいかもしれません。その真理を追究し続けていく。こうした学問は、欧米のほうがはるかに歴史があります。それをベースに、これまでは欧米諸国が世界をリードする画期的な製品やサービスをつくってきたのは周知の通りです。

単一品種、効率栽培のワナ

しかし、欧米やアラブのお金持ちの人たちは、日本の農産物を食べたいと言います。なぜなら彼らは、日本人が答えのないものに対して、帰納的に、一〇〇〇通りでも、一万通りでもコツコツ試して、結果、多くの良い農産物をつくり出す方法を見つけ出してきたことを知っているからです。帰納的な蓄積が一番豊富にあるのが日本だと、世界中の人たちが認めているから、日本の農産物を求めるのではないでしょうか。

日本の多種多様な農産物の正反対にあるのが、小麦であり、バナナです。その分野においては欧米が世界をリードし、ドールなどの世界的企業を生み出しました。逆に、日本には世界的な小麦企業もバナナ企業もありません。

バナナは現在、キャベンディッシュという一つの品種が世界中で作られ、世界中で販売され、これを世界中の人たちが食べています。

しかしながら昔のバナナのメインは、今のバナナと実は違うグロス・ミチェルという品種でした。

バナナには種子がありませんから、接ぎ木をして増やしていきます。したがって遺伝的な多様性がなく、病害に弱いのです。グロス・ミチェル種のバナナは、パナマ病という病気にかかり、世界中の同種のバナナの木が、すべてこの同じ病気で枯れてしまいました。

そこで、パナマ病には強いけれども、グロス・ミチェルほどには美味しくないキャベンディッシュ種のバナナが、世界中でつくられるようになったのです。

このキャベンディッシュ種も遺伝的な多様性がなく、栽培効率を高めるために密集してつくられています。そこで再び、パナマ病を引き起こしたような細菌が世界のどこかで生まれ、キャベンディッシュ種のバナナを枯らしたらどうなるか。私たちはバナナが食べられなくなってしまうかもしれません。

こうした単一品種を効率的に世界中で栽培するというのが、今でも欧米の農業のやり方です。究極的に美味しい品種を一つ見つけて、それを世界中で効率よく、安くつくる農業がいかに危険なものであるか。バナナが教えてくれます。

ＳＤＧｓの二番目にある「飢餓をゼロに」は、「飢餓を終わらせ、食料安全保障及び栄養改善を実現し、持続可能な農業を促進する」という目標です。「持続可能な農業を促進する」という目標がわざわざ掲げられているのは、こうした持続可能ではない農業が世界各地で行われているからです。

そして、これはバナナや農業だけの話ではありません。ビジネスにおいても同じことが行われています。一つの解を世界中に演繹的に広げることには、危険性も、限界もあり、それは長い目で見れば持続可能ではないのです。

持続可能な社会に不可欠な「身体性」とは？

持続可能な社会がどういうものなのか、真に理解できる人とできない人がいます。農業や林業、水産業に携わっている人たちは、日々、大自然を相手に自分の身体を使って仕事をしているので理解できます。他方、金融業やＩＴ関連産業の人たちの仕事には、こうした身体性がともなわないため、それを真に理解するのがなかなか難しいのです。

建物の中に閉じこもり、コンピュータを相手にしながら、数字が数字を生み出し、急増させていく世界にいたら、身体性とは無縁になります。これは致し方ないことです。

一方で、農林水産業を担っている人たちは、台風や集中豪雨、熱波など、気候変動に対する危機意識を強くもっています。それは、自然の真っただ中で働いて、田畑の状態や森の生物、海で捕れる魚介類の変化を、日々、肌で感じているからでしょう。

こうした肌感覚を頼りにするのが、身体性をともなって生きるということです。そのような生き方、仕事のやり方を実践し、持続可能な社会がどういうものなのかを理解している人が過半数にならないと、民主主義では進む道を変更することができません。

私はよく冗談で、「世界最高のコンピュータやＡＩが対戦相手でも、将棋や囲碁で負けた人間が怒ってコンセントを引っこ抜いたら、その人間の勝ち」だとか、「対戦中に会場が火事になったとき、パソコンやＡＩには身体性がないから、逃げることができず壊れてしまう」といったことを言います。

いまは身体性のないものが評価されていますが、今後はＩＴのような身体性のないものと、農業のような身体性があるものとが「いいとこ取り」しながらバランスよく共存していくのがいいのではないかと、私は考えています。身体性をともなって働いている農林水産業の人たちは、みんな決まってこう言います。

「私はこの地に、この山に、この海に生かされているんだ。だからどんなことがあっても、ここで生きていく」

身体性をもっている人のベースにあるのは、極めて泥臭い自然への尊敬の念です。

そして、身体性と切り離された金融資本主義下に生きる人たちの中にも、金融資本主義の限界にうすうす気づき始めた人たちが出てきています。

アメリカ・ニューヨークのウォールストリートのビジネスパーソンも、シリコンバレーのクリエイターも、銀行の頭取も、ＩＴ長者も、わざわざ日本に来て座禅をするのは、身体性を取り戻したいからでしょう。

人間は、身体性と完全に切り離されては生きていけません。

金融やＩＴで大成功した人たちも、身体性を切り離して指数関数的に発展した後、「いったい何のために、この仕事をやっているのだろうか」とふと思うことがあるのでしょう。その際、生物としての身体性を取り戻し、人間としての価値を再認識したい、と考えるのではないでしょうか。

つまり、自分を見失った人たちが、自分を取り戻すために座禅や瞑想、マインドフルネスに取り組んでいると言ってもいいのかもしれません。

大成功したトレーダーの人たちの中には、自然を求めて移住し、農業や自給自足生活などを始める人たちが少なからずいます。これも同じで、やはり身体性を取り戻したいからではないでしょうか。

農家は「百姓」とも言うように、自然を相手にしながら百の姓（やること）があります。ですから、わざわざ座禅をする場をつくらなくても、自分の身体のこと、自然のことがよくわかっています。

生物としての人間は、身体性を切り離したまま生き続けられるようには、設計されていないのです。なんと言ってもタンパク質の塊ですから。

ただ、現代社会においては、身体性を切り離しても生きていけると思った人たちが、圧倒的多数になってしまいました。それによって、持続可能ではない社会に変貌を遂げたというのも、また事実なのです。

今回の新型コロナウイルス感染症のパンデミックが収束しても、今までの職業、産業で働き続ける人は多いと思います。人はそう簡単には変わりません。

しかし、パンデミックを通して意識が変わり、金融業を辞めて農業を始めようという人が、少しは出てくるかもしれません。特に、ミレニアル世代から……。やはり、ミレニアル世代が先導して社会は変わっていくはずです。

ユーグレナの培養は、持続可能な農業

私たちが沖縄県の石垣島で行っている、ユーグレナの培養。これはまさに持続可能な農業で、コメや野菜を育てるのと、基本は変わりません。ただ、ユーグレナが面白いのは、単純だからこそ永遠なところです。

ユーグレナは、単細胞真核生物であり、五億年前の先カンブリア紀に出現した、単純な単純な生命の起源に近い存在です。

ユーグレナは単純だからこそ、一が二になり、四になり、八、一六、三二と、指数関数的に爆発的に増殖することができます。高等植物は複雑であるがゆえに、このように爆発的に増えることはできません。

ユーグレナは、持続可能な農業でありながら、金融資本主義やＩＴのように指数関数的

に増えることができるという点では、農業と金融資本主義やＩＴの「いいとこ取り」をしたハイブリッド形態だと言うこともできます。

新型コロナウイルスなどの感染症の病原菌は、そのつくりが単純であるがゆえに、変異し続けること、増え続けることができます。これは、私たち人間にとっては公衆衛生上、デメリットですが、人間のメリットになる側にも爆発的に増殖するものが必要なのではないでしょうか。

持続可能な社会に向かうためには、ウイルスのように単純な生き物で爆発的に増えるものを、コントロールする技術が必要になり、その一つがユーグレナの培養なのです。

ＳＤＧｓの二つ目の開発目標は、「飢餓を終わらせ、食料安全保障および栄養改善を実現し、持続可能な農業を促進する」ことです。

ユーグレナの多様な栄養素を活かした食品は、「栄養改善を実現」することができ、ユーグレナを培養することは、「持続可能な農業を促進する」ことになります。そして、それらによって「飢餓を終わらせ」ることができるのです。また、ユーグレナでバイオ燃料をつくって活用することにより、持続可能な循環型社会をつくることも可能となります。

過渡期の産みの苦しみをともに乗り越えよう

CO_2というゴミを再び自然に還元して循環させる持続可能な社会。ユーグレナ社が事業として行っているユーグレナの大量培養やバイオ燃料開発なども含めて、「持続可能な社会の産業の主役は農業になる」と私は考えています。

農業では、無限の太陽エネルギーのインプットを受け、空気中からCO_2を吸収し、地面から水を取り入れて農作物をつくります。それを、人間をはじめとした動物が食べ、排泄物を肥料の形で地球に還元する。農業は、持続可能な循環型社会の象徴そのものです。

先にも述べたように、ビジネスの世界から離れ、田舎に行って農業に取り組み、自給自足の生活をしてみたいと思う人たちも増えてきました。彼らは、金融資本主義にどっぷりと浸かった身体を浄化しつつ、持続可能な循環型社会のインフラ整備に関わりたいと思い、そのような行動をとっているのかもしれません。

現在、農業や林業、水産業に携わっている人たちは、持続可能な循環型社会では、自分たちの価値観や考え方、生活様式が大切になることが、おそらく肌感覚でわかっているのではないでしょうか。

今後進むと考えられる持続可能な循環型社会では、農業などを中心とした「儲からない仕組み」に、多くの人が向かっていきます。ただ、現在は過渡期なので、先行して持続可能な循環型社会を目指して行動している人や企業にとっては、非常につらい、産みの苦しみの時期ではあります。

今世紀後半になれば、農業を担う人が、革新的な生き方をしている人になりますが、これまでの資本主義、金融資本主義の現在の状況では、まだまだ農業はかっこ悪く、マイナーな存在です。だから、そんなことを気にしない、革新的な考えと勇気と活力にあふれる若者が農業に挑戦することが重要です。

私たちがバングラデシュで行っている「ユーグレナGENKIプログラム」も、ロヒンギャ難民に対する支援も、ユーグレナを活用したバイオ燃料の開発も、はっきり言って儲かるものではありません。

「ユーグレナ社は上場しているのに、なぜ儲かる事業をやらないのか。儲かることだけをやってくれればいいんだ。バイオ燃料など、これだけ石油が安くなったら誰も使わない。だからバイオ燃料の開発はやめてほしい」

このようなことを言う投資家もなかにはいます。

今は過渡期ですから非常に苦しいのですが、何度も述べてきた通り、二〇二五年にすべて変わります。そのときに、以前から地道にやってきた人や企業に「ＥＳＧ（Environment・Social・Governance：環境・社会・企業統治）投資」のお金も集まるようになるでしょう。

ただ、このＥＳＧ投資も、次代のメインプレイヤーとなることは間違いありませんが、現在はまだ、私たちを十分に助けてくれる存在にはなり得ていません。

しかし向かっている方向は正しいですし、ＥＳＧを重要視する投資家がコミットメントしている金額は、二〇一八年にすでに三〇〇〇兆円を超えています。

そして、金融資本主義のメインプレイヤーの中にも、価値観やビジネスモデルを変えて、生き残りを図りたいと考えている人や企業が、もちろん存在します。そのような人たちとも協力して、持続可能な循環型社会の実現に向けて、現在の難局を一緒に乗り越えていければと思っています。

5章

「年齢」&「地域」のダイバーシティを重視する

ダイバーシティの二つの盲点

現在ユーグレナ社には、CFO（Chief Future Officer：最高未来責任者）というポジションがあります。二〇一九年一〇月、初代CFOに就任したのは、二〇〇二年生まれの小澤杏子さん。当時、一七歳の高校生でした。

そして二〇二〇年一〇月、一五歳の中学生、川﨑レナさんが二期目のCFOに就任しました。CFOは、持続可能な会社と社会を目指すためのアクションや達成目標の策定を行う「ユーグレナFutureサミット」の運営や、各種イベント、株主総会での登壇などを担当します。

初代のサミットメンバーは、CFOを含めて九人おり、全員が一八歳以下。最年少は二〇〇八年生まれで、就任当時は小学生でした。また、二期目のサミットメンバーは、CFOを含めて六人、こちらも就任時点で、全員一八歳以下です。

では、なぜ彼女ら彼らをCFOやサミットメンバーに任命し、会社の将来について議論してもらっているのか。それは、企業の運営において、年齢のダイバーシティが大切だと考えているからです。

一般的にダイバーシティと言うと、まず頭に思い浮かぶのは女性活躍でしょう。男性社会であった多くの企業の職場において、女性にも男性同様に活躍してもらうことが非常に重要である。そのことに、多くの企業が気づきました。そこで、女性に活躍してもらうために、女性の役職者や役員を増やすことを数値目標として掲げる企業もあります。

それ以外にも、外国人や障がい者の雇用、ＬＧＢＴ（レズビアン・ゲイ・バイセクシュアル・トランスジェンダー）への対応なども、ダイバーシティを重視する観点から、各企業で取り組まれています。ダイバーシティ（多様性）＆インクルージョン（包摂）と言われることもあります。

しかし、私はダイバーシティには二つの盲点があると考えています。それがジェネレーション、年齢のダイバーシティと、ロケーション、地域のダイバーシティです。

年齢と地域のダイバーシティについては、おそらく多くの人にとって初耳か、まったく意識してこなかったのではないでしょうか。私自身も、以前はそうでした。

女性が少なければ、女性を増やさなければと気づきます。しかし、年齢と地域は気づきにくいのです。

私たちユーグレナ社は、私が一九八〇年生まれなので、現在、三五歳から四五歳ぐらいの世代が中心となって会社を運営してきました。しかし、これでは年齢の多様性がなく、組織として弱いと考えたのです。そこで小澤さんや川﨑さんにCFOに就任してもらったのです。

なぜダイバーシティが大事なのか?

では、そもそもなぜダイバーシティが大切なのでしょうか。

その理由の一つは、働く人の人数、労働力人口が減るからです。労働力を確保するために、ダイバーシティが必要になると一般的に言われています。

また、農学の観点から言えば、モノカルチャー——多様性に乏しい単一の種からなる作物の栽培は、非常にリスクが高く、難しいということが挙げられます。

グロス・ミチェルというバナナがパナマ病で全滅したことは、前述した通りです。ユーグレナの培養もモノカルチャーですから、その難しさは私も身体性をともなって理解しているつもりです。

農業をやっている人は、多様性を失ったエコシステムがいかに弱いかを知っており、そのリスクと毎日向き合っています。病害虫やウイルス、菌などによって、農作物が一夜にして全部死んでしまうことを肌感覚で理解しています。

だから、単一化が進むことに非常に敏感で、そうした兆候に、すぐに気づくことができるでしょう。企業にとっても、単一商品、単一サービスが弱いことは確かですし、男性ばかりの企業が今後も生き残れるとは誰も思っていないでしょう。

ダイバーシティが大切な理由は、このようにいくつか考えられます。ただ、私が、ダイバーシティが大切だと考える最大の理由は、「イノベーションを起こすためにはダイバーシティが不可欠だから」です。

現在、多くの企業がイノベーションを必要としています。このことに疑問の余地はないでしょう。イノベーションは破壊的です。破壊的ということは、現在の延長線上にはないということです。現在の延長線上にないイノベーションを、いかに自らの力で起こしていくか。

それが企業にとっても、ソーシャルビジネスにとっても、現在、そしてこれからの最大の課題だと言えます。

多様性の幅を一〇代にも広げる

そして、現在の延長線上にはないことを思いつくのは、おそらく現在の延長線上の仕事をしている人ではないでしょう。もちろん、現在の延長線上の仕事をしている人が、絶対に思いつかない、というわけではありませんが、それ以外の人のほうが、新しい発想で考えられ、思いつきやすいのではないでしょうか。

これまで男性が行っていた商品やサービスの開発を女性が手掛けて、これまでにないヒット商品が生まれているのは、その一例です。

同様に、六〇代、七〇代のベテランたちの知恵を借りるということは、多くの企業で行われてきたと思います。時代は巡ると言いますが、一時代前のやり方や考え方が、新しい発想につながることがあります。

二〇代、三〇代の人たちにとっては、六〇代、七〇代の人たちのやり方や考え方が斬新に感じられるものです。だから、私たちも、年齢のダイバーシティで言えば、ベテランの側には、これまで多様性の幅を広げてきました。六〇代、七〇代の研究者を訪ね歩いて、教えを請うたことは何度もあります。

しかし、一〇代の人たちに多様性の幅を広げるという発想はなく、私にとってもまさに盲点でした。

ただ、一〇代の人たちが、企業や社会の未来についてどれくらい考えているのか、どれくらい意見をもっているのかは、私にもわかりませんでした。そこで、本当に価値のある考えや意見があるのかを判断するために、一度、話を聞いてみようと思ったのです。

「一〇代の人たちは物事を深くは考えていない」

世の中にはそう思っている人が多いかもしれませんが、実際に会って話を聞いてみたら、すぐにまったく違うことがわかりました。みんな言いたい意見がたくさんあり、問題意識が旺盛でした。ただ、それを伝える場がなかっただけだったのです。

そのことを確信した私たちは、一〇代の人たちの考えや意見を聞く場として、ユーグレナFutureサミットをつくり、そのリーダーにCFOという役職を任せたのです。
つまり、多様性を一〇代にも広げることを試みたわけです。

提言を受け、プラスチック使用量五〇%削減に挑戦

初代のユーグレナFutureサミットでは、二〇一九年一〇月に発足後、半年以上にわたりCFOをリーダーにサミットメンバーが議論を重ねました。その結果、私たちに次のような提言をしてくれたのです。

彼女ら彼らは、「環境への意識の高さ、低さにかかわらず、当社はお客様が意識せずとも環境に配慮した行動をとれる仕組みの構築を目指す」という方針を策定し、具体的には、「環境負荷の高い石油由来のプラスチックの使用を大幅に削減する」。

この提言に基づき、飲料用ペットボトル商品を全廃し、環境負荷の低い紙容器商品に切り替えることにしました。また、紙容器商品に付くプラスチックストローの有無も、お客様が選べるようにしました。

同時に、二〇二一年中に商品に使用する石油由来のプラスチック量を約五〇％削減に挑戦しています。

お客様が私たちの商品を選択するだけで、意識せずとも環境問題解決のための行動変容を起こしている状態をつくることを目指して、プラスチックの使用量削減にとどまらず、今後も様々なサステナブルな施策を実行していくことにしています。

一方で、ＣＦＯからの提言を受けて以降、ユーグレナ社内ではペットボトル商品をなるべく購入しないで済むようマイボトルを持ち歩く、プラスチック包装を避けるよう意識して買い物をするなど、プラスチックやゴミに対する仲間の意識が高まっています。

その中で、「会社のゴミ箱を撤去することで、会社から廃棄されるゴミの量を減らせるのではないか」という声があがり、これを契機として社内の「ゴミゼロ」を目指すゴミ削減プロジェクトも始動することになりました。この、ゴミ削減プロジェクトに先駆けて、沖縄県石垣市でユーグレナ社が運営している直営カフェ「ユーグレナ・ガーデン」が、事業所における廃棄物削減の認証制度であるゼロ・ウェイスト認証を沖縄県で初めて取得しました。

CFOとサミットメンバーの提言によって、私たちは持続可能な社会の実現に向けてさらに一歩を踏み出すことができているのです。

問われるのは企業の本気度

ダイバーシティが大切だ。イノベーションが必要だ。こう考えている企業は多いと思います。ですから私たちは、他の企業にも一〇代に多様性を広げる取り組みを行って欲しいと考え、私たちの経験を紹介することがあります。

そうすると、「わが社は東京証券取引所の一部上場企業だからできない」などと言われますが、「いや、ユーグレナ社も東証一部上場企業なのですが……」と返すと、絶句されます。

こうしたとき私は、本気でダイバーシティが大切だ、イノベーションが必要だとは思っていないのではないかと、疑念を抱きます。本気でイノベーションを起こさないと企業として生き残れない、という強い危機感があれば、「藁にもすがろうとする」のではないでしょうか。

こうした本気でない企業が、もし一〇代を集めて意見を聞いても、価値のある話を聞くことはできないでしょう。なぜなら、企業側、つまり一〇代から話を聞く側が本気でなければ、それが一〇代の若者たちにわかってしまうからです。彼女ら彼らを子どもだと思って甘く見てはいけません。

聞く側が、「一〇代には、たいした意見などないだろう」と思っていたら、彼女ら彼らも本気で意見を言ってくれません。その結果、価値のある、イノベーションにつながる発想や意見は絶対に聞けなくなります。

ポストコロナの時代、多くの人たちの価値観や生活が大きく変わったら、企業もこれまでの延長線上のビジネスのやり方、考え方では生き残れなくなります。

その変化は、たとえるなら野球をやっていた人が、サッカーをやらなければならなくなるほど、大きなものです。どんなに野球が上手だったとしても、その経験はサッカーではほとんど活かせず、何の役にも立たなくなります。

「これからは、今の延長線上では生き残れない。明日から、まったく別の価値観、ビジネスに変貌する。そうなると、これまでのビジネス経験も知識も何の役にも立たなくなる。

だから、あなた方の話を、まっさらな気持ちで聞きたい」

経営者や役員、リーダーが、本気でこう思っている企業だけが、一〇代からイノベーションに役立つ話が聞けるのです。

六〇代や七〇代の大先輩に教えを請うように、一〇代にも同様の姿勢を示す。それによって、私たちでは考えもつかないような発想や意見を聞くことができるのです。

六三カ国中、日本が最下位の三つの項目

スイスの世界的に有名なビジネススクール、IMDが「世界競争力ランキング」を毎年発表しています。

平成が始まった一九八九年、日本は競争力ランキングで一位でした。その約三〇年後、平成最後の二〇一九年、その順位は三〇位まで下がり、先進国で最下位となっています。

IMDのマイケル・ウェイド教授によれば、日本はいくつかの項目で六三カ国中、最下位の項目があり、危機感をもって変革に取り組む必要がある、と指摘しています。

それら最下位の項目の中で、私が注目したのが、「アントレプレナーシップ（起業家精

神）」「グローバルエクスペリエンス（国際経験）」「デジタルトランスフォーメーション（DX）」の三つです。

イノベーションが起こる競争力のある企業にしたいと思えば、この三つをいかに高めるかが重要だと、誰もが思うでしょう。だから、私たちは、小澤杏子さんを初代のCFOに選んだのです。

小澤CFOは、ユーグレナ社のCFOを自ら志望し、五〇〇人以上もの中から選ばれ、そして会社としても自身としても初めてのことに挑戦しているぐらいですから、新しいことに挑戦するアントレプレナーシップマインドを十二分にもっています。また、彼女は帰国子女であり、非常にタフなグローバル経験があります。そして、デジタルネイティブ世代ですから、日常的にデジタルを駆使しています。

アントレプレナーシップ、グローバルエクスペリエンス、デジタルトランスフォーメーションが、ユーグレナ社に足りないから、小澤杏子さんを選んだのです。

そして私たちは、イノベーションを起こすために、現在の延長線上の前にも後ろにもないものを真剣に求めています。私たちユーグレナ社が本気であることを見抜いたうえで、

「私も本気で取り組みます」と彼女も言ってくれました。これは、二期目の川崎さんも同じです。

こうした関係でないと、うまくいかないでしょう。格好だけ、表向きだけつくろっても、誰も企業に来てくれません。お互いが本気だから、価値のある、イノベーションに役立つ考えや意見が出てくるのだと思います。

議論の場、挑戦の舞台をつくれ

「ユーグレナFutureサミットには、いつまでに、どのような成果を求めているのですか?」

こう聞かれることが多々あります。しかし、このような質問自体、今の延長線上の発想です。「いつまでにどんな成果を出すのか」では、これまでと一緒なので、それなら経験値がある人にやってもらったほうがいい。ユーグレナグループには約四〇〇人の仲間がいますから、今までの延長線上にあることなら、彼、彼女らが間違いなくできるでしょう。

しかし、ポストコロナの時代には、「いつまでに、どのような成果を出す」という目標設定の仕方から何から、すべてを変える必要があります。そうしないと、イノベーションを起こせないということは、平成の三〇年間の失敗で、多くの人に理解されたのではないでしょうか。

研究費を一億円から一〇〇億円に増額したら、イノベーションを起こせるのかと言えば、そう簡単にはいかないでしょう。

とにかく決め打ちをしないで、いろいろなことを試してみないと、どれがイノベーションにつながるのかは、誰にもわかりません。決め打ちをして、イノベーションが起こせるのなら、人間はＡＩに一生勝てないことになります。大量のデータを分析して決め打ちをするのは、ＡＩの得意中の得意技です。

そうではなく、ＡＩの範疇に入らないムダに見えること、まったく関係ないと思われていることにも積極果敢にチャレンジしていくことで、イノベーションが生まれる可能性が広がるのだと思います。

受験勉強なら明確なゴールがありますから、ゴールに近づくために、いつまでに何をやるか計画を立て、計画通りに実行することが合格への早道です。しかし、企業を救ってくれるようなイノベーションを、「いつまでに」と期限を切って求めて、果たして実現できるでしょうか。それは、あまりに無理難題です。

イノベーションを起こすため、ＣＦＯたちには、ユーグレナ社がもっているリソースを活用しつつ、ユーグレナFutureサミットで議論してもらっています。しかし、それによってイノベーションが起きるのは、明日かもしれないし、一年経っても、二年経っても、三年経っても、何も起きないかもしれません。

ただ、企業の未来や社会問題について、一〇代が真剣に議論する場を私たちがつくることが大事であり、私の仕事は、次世代の彼女ら彼らに、そういう本気の場を与えることだと考えています。

貧困にしても、気候変動にしても、「一〇〇億円渡すから、いついつまでに解決策を見つけろ」と命じて、解決策が見つかる問題ではありません。ＳＤＧｓの一七のゴールは、何兆円という予算をもっている国家や国連でも解決策を見つけられないから、社会問題となっているのです。

イノベーションを起こすためには、多様性や反対意見を包摂しながら、期限を決めず、今までの経験値や実績すらまったく関係ない、まっさらな場で議論することが大切です。

まったく考え方の違う多様な人たちが集まってイノベーションに挑戦する舞台は、人生の先輩が後輩のためにつくってあげる必要があります。現実の社会では、こうした舞台が偶発的に生まれることは、まずないからです。

企業内にシリコンバレーをつくる意義

このような、イノベーションが起こる舞台を意図的につくったのが、アメリカです。アメリカは、イノベーションが連続的に起こる舞台としてシリコンバレーを意識的、人工的につくりました。これによって、世界で唯一、イノベーションを連続して起こすことに成功しています。

シリコンバレーには、世界中から才気あふれるユニークな人たちが集まっています。そして、みんなでワイワイ議論をしながら、今までの延長線上にないものを生み出しています。

一方で、首都ワシントンDCは、シリコンバレーとは逆に、政治の場として、行政の場として、整然と規律に基づいて物事が決まる場所です。ルールに従って政策をつくり、国を運営しているところです。

このワシントンDCに、アマゾンのジェフ・ベゾス氏や、フェイスブックのマーク・ザッカーバーグ氏のような人たちが来たら、議場は大混乱に陥ってしまうことでしょう。

国としては、ワシントンDCもシリコンバレーも両方必要なのです。しかし日本にはワシントンDCのような場所しかありません。それは、私たちの責任であり、さらには、私たちの先輩世代の責任です。若者が悪いわけでも、サボっているわけでもありません。

もし今後、こうした真剣な議論の場やイノベーションに挑戦する舞台が日本につくられなければ、CFOも、サミットメンバーも、日本の若い世代は、大学からなのか、大学を卒業してからなのかは別として、アメリカなど海外に行ってしまうことでしょう。なぜなら、日本にいても面白くないからです。

そうならないように、微力ながらも私たちユーグレナ社では、CFOとユーグレナFutureサミットという仕組みをつくりました。企業内にシリコンバレーをつくった、と言ってもいいかもしれません。これに続く企業が出てくることを強く願っています。

石垣島には、東京にない答えがある

さて、ここまでは、年齢のダイバーシティについて述べてきました。次に、もう一つのダイバーシティの盲点、地域のダイバーシティについても考えてみましょう。

私たちユーグレナ社の本社は東京にありますが、ユーグレナを培養する場所＝農場は、沖縄県の石垣島にあります。

東京圏に住んでいる人は、東京で仕事をするのが一番効率的です。石垣島に行くのは大変で、時間もお金もかかります。逆に、石垣島の人が東京に来るのも非常に面倒くさい。一回や二回はみんな面白がって東京に来ますが、それ以後はあまり来たがりません。

この地域のダイバーシティも、イノベーションを起こすために重要であることに変わりはありません。イノベーションを起こすには、無理矢理にでも、違う地域に住んでいる人、違う文化圏で生活している人など、違う考え方の人たちが継続的に意見をぶつけ合う必要があるのです。そうした議論の中から、イノベーションのヒントが見つかると、私は考えています。

東京でずっと研究を行い、首都圏の様々な大学の先生に話を聞いても解決策を思いつかなかった問題が、石垣島の飲み屋で、おじいや、おばあと話す中で、解決のヒントを見つけることもあるのです。

石垣島は東京から遠く、独自の文化や伝統、生活様式が存在します。作物の栽培の工夫などは独特です。それを地元のおじいや、おばあから聞いて、教科書にも書いてなかったことを初めて知り、調べてみると、ユーグレナの培養に役立つことにつながった、ということもあります。

そのほかにも、実際、東京で五年、一〇年と悩み続けても答えが出なかったことが、地方に行って出会った人にヒントをもらったり、答えに直接巡り合ったりしたことがあります。このような経験を私自身がしているので、地域のダイバーシティにも気を配っています。

多様性の幅を広げることがイノベーションの可能性を高めるのだとしたら、地域のダイバーシティもまた、年齢のダイバーシティと同様に重要なのではないでしょうか。

ポストコロナの時代に不可欠なイノベーション

全国各地のそれぞれ異なる環境、風土の中に身を置くと、気分も変わり、頭の中をスッキリさせて、モノを考えることができます。実際、現在の延長線上にないことを発想し、イノベーションを起こすには、普段は使っていない脳の部分を刺激することが有効だと言われています。そのためにも、日本のあちこちに拠点があることが、役立っていると思っています。

大発明家は、考えが煮詰まったとき、意識的に、あるいは無意識に、普段とは違った行動をとっていたと言います。非日常をあえて自らつくり出すことで、脳を刺激し、新しい発想を生み出そうとしたのではないでしょうか。

シリコンバレーの人たちが、日本にやってきて座禅を組むのも、同じような考え方からかもしれません。シリコンバレーでは競争が激しいため、あらゆることが効率化されてムダがありません。だから、脳が落ち着くときがないのだと思います。座禅や瞑想などで意識的に脳を休め、脳に違う刺激を与えるために、わざわざ日本に来るのでしょう。

誰も思いつかないことを思い浮かべ続けられるのは、脳の構造が違うわけでも、遺伝子が違うわけでもありません。脳への刺激の与え方が違うからです。

これまでは毎日、満員電車に乗って通勤するということを、大都市に住む人たちは強いられてきました。効率を最優先すれば、それが合理的な判断でした。

しかし、イノベーションを起こさなければならない仕事の人たちに必要なのは、日常とは違う脳への刺激です。毎日、満員電車に乗って通勤することを強いても、イノベーションは起こせません。

企業は、「効率を求める仕事」と「イノベーションを求める仕事」をきちんと分けて考える必要があるのではないでしょうか。

同じ製品を大量につくる、明らかになっている解決策を実行する、改善や改良を繰り返すときには、人と違うことをするメリットはありません。他方、考えに考えて煮詰まっている、それでもイノベーションを起こすことを求められている。そんなときには、人とは違った刺激、非日常的な刺激が必要不可欠なのです。

日本はこれまで、あまりに順序正しく効率を求めることに偏っていました。イノベーションを求める仕事の人たちにも順序と効率を求めた結果、まったくイノベーションが起きなかった。このことを肝に銘じてから、ポストコロナの時代に進む必要があります。

新しい時代には、これまでとはまったく異なる価値観や行動原理で人々や社会が動きます。それにフィットするビジネスは、イノベーションなしには生み出せないはずです。

ハイブリッドが重要な意味をもつ社会へ

さらに、働き方について言うと、今後は都市と地方を行き来しながら、それぞれのいいとこ取りをするハイブリッドな働き方が、重要な意味をもってくるでしょう。

地方にいると新しい情報が入ってこない、直接会えないなどのデメリットがありましたが、新型コロナウイルス感染症のパンデミックで在宅勤務を経験したことで、多くの人が理解しました。情報はインターネットで十分入手できるし、直接会わなくてもオンライン会議システムなどの利用で、仕事のほとんどができてしまうということを。

デジタル化の最大のメリットは、アナログの制限を取っ払ってくれることです。

地方に住めば、自然を肌で感じることができ、身体性をともなった体験が豊富にできます。今や、地方に住んでいても仕事はできるし、都市と地方を行き来するハイブリッドな生活スタイルを実現することは、それほど難しいことではなくなっています。

こうした都市と地方のハイブリッドな働き方をする人が、イノベーションを起こすことに大きな期待を抱いています。

従来のダイバーシティに加えて、年齢と地域のダイバーシティにも取り組み、多様性の幅をどんどん広げていけば、さまざまな考えを企業内に取り込むことができるでしょう。そして、それらの「いいとこ取り」をしてハイブリッドにすれば、イノベーションも起こせるのではないでしょうか。

私は、まったく異なる二つのものを新たに結合することこそが、これから先、より大切になってくると考えています。

私たちユーグレナ社の、年齢と地域のダイバーシティも、まだ緒に就いたばかりで、大きな成果が出ているわけではありません。しかし、必ずやイノベーションを連続的に起こすことができるでしょう。

第3部　未来

――サステナブルな社会の実現に向けて

6章

ミレニアル世代の価値観が世界を変える

アメリカの大学生を変えたリーマンショック

ここまで何度も述べてきましたが、私はこれまでの資本主義や一〇〇%性悪説、「信用からスタートする経済」だけでは、早晩、世界経済は立ちゆかなくなると考えています。これまでの資本主義とは、とにかく儲けることができれば、自ずと様々な問題も自然に解決されるという非常にシンプルで楽天的な資本主義のことです。誰にとってもわかりやすいことから、世界の中心的な考え方の一つとなっています。

ただ、欲を肯定するあまり、強欲とも呼べるまでに突き進んでしまい、行くところまで行って、二〇〇八年、リーマンショックでとうとう行き詰まり破綻した。私はそう認識しています。

こうした認識に至ったのは、実は私だけではありません。アメリカの大学生の多くも、同じように考えたという調査結果があります。

アメリカでリーマンショック後、アメリカの大学生に対して大規模なアンケート調査を行いました。その結果、アメリカの大学生の半分以上、つまり過半数の人たちが次のように答えたのです。

「現在の資本主義をこのまま続けていくことには無理がある」

「自分は、資本主義よりも社会主義のほうに親近感をもつ」

「新しい、これまでとは違った資本主義の考え方が必要とされている」

金融資本主義の中心地、ウォールストリートを抱えるアメリカの大学生ですら、リーマンショックを目の当たりにして、「このままではダメだ」「今の延長線上に明るい未来はない」と考えていることをこの調査結果で知り、私も彼らも同じような考えだと勇気がわきました。


その後、民主党の大統領候補を決める予備選挙において、二〇一六年、二〇二〇年ともに、左派のバーニー・サンダース氏が、最終的には大統領候補にはなれませんでしたが、最終候補の一歩手前まで残りました。

これは、国民皆保険制度の設立や公立大学の授業料の無償化、学生ローンの返済免除、社会保障給付金の拡大など、ソーシャルな政策の実現を公約として掲げてきたサンダース氏を、大学生を中心とした若者たちが、強く支持したからです。

サンダース氏への評価は、「極端な左派」であり、「民主社会主義者」という呼ばれ方さえもされます。いわば一般的なアメリカ国民からすれば極端な思想をもつ「キワモノ」の一人です。しかし、多くの若者たちは、その「キワモノ」の熱狂的ファンとなりました。

その一方で、サンダース氏は「キワモノ」であるがゆえにアンチファンも多いため、民主党の大統領候補にはとうとうなれませんでした。ただ、私に言わせれば、サンダース氏は少し早すぎただけです。若者たち――ミレニアル世代が過半数か、それに近い人数になる次の二〇二四年、確実に過半数となっているその次の二〇二八年の大統領選挙に立候補すれば、民主党の大統領候補となり、ひょっとしたらアメリカ合衆国大統領になれるかもしれないと考えています。

もちろん、サンダース氏は二〇二〇年時点で七九歳なので、現実的には「次」はないのかもしれませんが、その場合には、若いミレニアル世代が支持したくなる「第二、第三のサンダース」が出てくることでしょう。

そしてアメリカの大統領が、金融資本主義を標榜するトランプ前大統領とは真逆の考え方や価値観の人になる可能性は、十二分にあるのではないでしょうか。

ミレニアル世代とはどんな世代か?

私は、ミレニアル世代が世界の生産年齢人口の過半数を占める二〇二五年までに、これまでの資本主義のビジネスから、ソーシャルビジネスやサステナブルビジネスが主流となる持続可能な社会へと世界は大きく変化すると考えています。

それはなぜなのか。その理由について説明する前に、まずはミレニアル世代とはどういう世代なのかについて述べておきましょう。

ミレニアル世代とは、一般的に二〇〇〇年以降に成人した世代を指します。私は一九八〇年生まれなので、成人したのが二〇〇〇年、まさにミレニアル世代の一人です。

ミレニアル世代は、アナログ社会を知る最後の世代であり、アナログ社会からデジタル社会への変遷を幼少期に経験した世代です。デジタルネイティブの最初の世代とも言われています。

こうしたことからデジタル機器やインターネットといったＩＴ技術も特別な存在ではな

く、普通に誰の身の周りにもある技術だと感じて成長してきました。使いこなすのが当たり前であり、ＩＴ技術などのテクノロジーによって、生活の質が向上することも当たり前だと考えています。

そのための技術革新を担うのも、画期的な製品やサービスを開発するのも、自分たちミレニアル世代だと自負しています。ミレニアル世代には、自分たちが新しい価値をつくる、明るい未来をつくるという意識が強くあるのです。

たとえば、カーシェアリングやシェアハウスなどのシェアリングエコノミーが急成長を遂げていますが、この「シェア（共有）」という価値観を大切にするのも、ミレニアル世代の特徴の一つです。

それ以前の世代は「所有」することにこだわり、所有する「もの」にステイタスを感じていました。そのため「物欲を満たす」ことが重要な価値観の一つでした。これに対し、ミレニアル世代は「所有」することにこだわりません。上手く便利に利用できれば「シェア」でいい、と思っています。

また、これまでの資本主義によって経済格差がどんどん広がっていく現実もミレニアル世代はつぶさに見てきました。貧困層がその貧しさからなかなか抜け出すことができない一方、富裕層はさらに富み、豊かになっています。

事実、世界のトップ一〇％の富裕層が、世界全体の富の約八二％を保有するまでに格差は拡大しています（二〇一九年一〇月クレディ・スイス発表）。

そして、近年、気候変動が叫ばれる中、世界各地で起きるハリケーンや台風、長雨による洪水、日照りによる干ばつ、森林火災などによる大きな被害を目にしない年はありません。もちろん、実際に災害に見舞われたミレニアル世代も大勢います。

こうした経験から、これまでの資本主義に対して非常に懐疑的であり、「もの」が豊かにある大量生産・大量消費の使い捨て社会ではなく、シェアリングや地球環境を大切にする持続可能な社会を目指す傾向が、ミレニアル世代にはあるのです。

戦後世代の価値観との違い

先に述べたように、私は、東京郊外のごくごく一般的な住宅地で育ちました。父は会社員で、母は専業主婦、二つ年下の弟が一人いる平凡な四人家族で、貧乏でもなければ特別に裕福なわけでもない、典型的な「中流家庭」でした。「もの」は十二分に行き渡っており、生活において何一つ不自由したことはありません。

第二次世界大戦後まもなく起業した方々は、「もの」がまったくないところから出発しました。生活必需品もなければ、食べるものもありませんでした。だから、「まずはお金持ちになりたい。そして、ほしいものをたくさん手に入れたい」という強い思いを抱き、それが原動力となって高度経済成長を成し遂げたのだと思います。

寝る間も惜しんで働くことで成功をつかみ、大金を手に入れた人たちは、大きなお屋敷を建てたり、高級自動車を何台も買ったりしました。

私は子ども時代、普通に生活を送るうえで金銭的に困ったことがないため、大きなお屋敷を見ると、「掃除が大変だろうな」などと思ったりしたものです。

ものがなかった時代を経験した人、貧しい時代の記憶がある人にとってみれば、高級自動車が一台だけでは不安なのかもしれません。それが盗まれたら、壊れたらと思うと、二台、三台持っておきたいと思うのが心理でしょう。

しかし、私が住んでいた住宅地では、自動車が盗まれたという話を聞いたことがありませんでしたし、自動車が壊れて立ち往生しているのに遭遇したこともありませんでした。

戦後世代にとっては、家や自動車を所有することがある種のステータスでした。家を買うことは一国一城の主になることだと言われましたし、マイカーがあることで家族旅行が自由にできたり、買い物が便利になったりするなど、生活が豊かになったことも事実です。

ですから、戦後世代が、様々な「もの」を所有することを望んだのは当然のことだったと私は思っています。

これに対して私たちミレニアル世代は、戦後世代のおかげでもたらされた高度経済成長による恵まれた環境で育ったおかげで、物欲というものがあまりなく、「もの」に特別なステータスを感じません。「使いたいときに使えるのなら、所有するよりも共有するほうが効率的だし、地球環境にもいいよね」という感覚です。

お金に対しても、生活に困らない程度にあればいいと考えているため、「とにかく儲ける」人たちに対しては、「そんなに儲けてどうするの？」「なぜ、使い切れないほどのお金があるのに、まだ稼ごうとするの？」と不思議に思ってしまいます。

こうした感覚や価値観をもっているミレニアル世代だからこそ、リーマンショックを目の当たりにした当時のアメリカの大学生は、これまでの資本主義、金融資本主義の延長線上に明るい未来はないと強く感じ、ソーシャルビジネスに挑戦するなど、持続可能な社会を目指す方向に向かって進み始めたのではないでしょうか。

日本人を変えた東日本大震災

アメリカの大学生がリーマンショックでこれまでの資本主義の限界に気づいたのと同様のことが、日本では二〇一一年三月に起きました、東日本大震災と、その後の福島第一原子力発電所の事故です。

このときまで、日本人の多くが、自然の偉大さ、恐ろしさを忘れていました。また、科学の力によって一〇〇%何でも解決できると信じていましたが、自然は予測不可能であるという事実が、目の前に突きつけられたのです。

自然というものがいかに偉大であり、ときに恐ろしいか。世の中はそんなにシンプルではなく、もっと複雑なものだということ、私たちが忘れていた自然に対する謙虚さを、東日本大震災と原子力発電所の事故が思い出させてくれたのです。

どんなに大きなお屋敷であっても、高級自動車が何台あっても、津波はすべてを流し去ってしまいました。それを見た日本のミレニアル世代は、自然と科学が共生し、よりよい未来を目指す方法を考え、模索するようになります。科学によって世の中の問題は一〇〇%解決できるというのは、あまりに楽観的、かつ傲慢な捉え方だったのではないかと、反省したのです。

もちろん、このように考えるようになったのは、ミレニアル世代に限りません。世代に関係なく、日本人の多くが震災直後、同様のことを考えたのではないでしょうか。

少なくとも、これまでの金融資本主義を推し進めていけば、明るい未来が訪れるという神話は、日本では三・一一のときに崩壊したと私は思っています。

過半数は不連続変化を起こす「臨界点」

では、こうした価値観の変化は今後どのような流れとなっていくのでしょうか。くり返しになりますが、二〇二五年に大変化が起きると、私は予想しています。

二〇二五年は、ミレニアル世代がいよいよ生産年齢人口の過半数を超えるからです。民主主義社会においては、この「過半数」が非常に重要になります。

わかりやすいのは選挙です。選挙では投票数の過半数を獲得した人が勝ち、ポストを得ます。アメリカの大統領選挙では、州ごとに獲得した代議員の数を加算して、過半数を獲得した候補者が大統領になり、政権を握ります。上院や下院も、過半数を獲得した政党が掲げていた政策を実行に移すことができます。

逆に、過半数を獲得できなかった政党の政策は、実行に移すのが難しくなります。五〇・〇一対四九・九九と、たった〇・〇一差であっても、過半数を獲得した政党の政策だけが実現されるのです。選挙において過半数がいかに大事かは、このように誰の目にも明らかです。

ただ、過半数が重要になるのは選挙だけではありません。生命科学やエコシステムなどにおいても、過半数と同様の重要なポイントがあります。物理ではそれを「臨界点」、数学なら「偏極」と言いますが、あるところで激変するポイントがあるのです。

H^2Oは、ゼロ度以下では個体の水ですが、ゼロ度を上回ると液体の水になり、一〇〇度を超えると気体の蒸気になります。つまり、H^2Oはゼロ度と一〇〇度で激変するわけです。

同様に、二〇二五年にミレニアル世代が過半数になると、氷が水に、水が蒸気になるように、一気に社会の価値観が変わり、これまでの常識がことごとく覆されることになるでしょう。

スウェーデンの若き環境活動家、グレタ・トゥーンベリさんが気候変動のリスクについて、「このままでは間に合わなくなる」という強い危機意識からCO_2の大幅削減などを世界に向けて訴えています。その考えに私も賛同しますが、もし私が彼女に直接何かを伝えることができるのなら、こう言いたい。

「二〇二五年には価値観が大転換して気候変動の問題も解決に向かいますよ」

楽観的すぎると言われてしまうかもしれませんが、私は、ミレニアル世代が過半数となり、メインプレイヤーになったら、世界中の科学者や世界中の企業、世界中のNGOやNPO、世界中の人たちが、一気に力を合わせて気候変動の問題の解決に向かい、何年かかるかはわかりませんが、必ず解決すると確信しています。

私の考えが楽観的すぎたかどうかは、二〇二五年に自ずとわかるでしょう。

「それは持続可能か」が判断基準に

ただ、グレタさんだけでなく、現在、気候変動の問題が解決に向けて遅々として進まず、心配したり、怒りを感じている人が世界中に大勢いることは確かです。

しかし、今は残念ながら無理です。なぜなら、膨大な時間と労力をかけてつくりあげてきた資本主義の申し子である既存の産業、企業、そして経営者やビジネスパーソンが、まだまだ強固に存在しているからです。

すでにこれまでの資本主義に未来はないと気づいた少数の人たちが、それを壊すことができるかと言えば、今はまだ少し力不足かもしれません。

それでも、二〇二五年にミレニアル世代が過半数になれば、政治が変わり、消費者の商品やサービスを選ぶ基準が変わります。それに対応するため企業の商品づくりやサービス内容も変わります。働き方も変わり、生活の仕方も大きく変わるでしょう。

すべてのこと、あらゆることを、「それは持続可能か（サステナブルか）」というモノサシで判断する時代が到来するのです。

ただし、だからと言って、これまでの資本主義がいきなりゼロになるわけではありません。二〇二五年を迎えても、これまでの資本主義の価値観や仕組みで生活の糧を得ている人たちは、まだまだ大勢残っています。

これまでの資本主義、これまでの価値観、これまでのやり方の人たちは、少しずつ減少していきますが、ゼロになることはありません。

資本主義下の現在でも、私たちのようなソーシャルビジネスや持続可能な社会を志向する人たちがいるように、二〇二五年以後も、これまでの資本主義を志向する人たちも残ります。しかし、それでいいのです。

大事なのは、どちらが主流でありマジョリティであるかです。ミレニアル世代がメインプレイヤーになれば、持続可能な社会の実現に向けて進んでいくことだけは間違いないことなのです。

性悪説から性善説へ

そして現在は、社会のルールが、「性悪説のネガティブルール」から、「性善説のポジティブルール」に変わる過渡期なのではないでしょうか。

戦後世代は、相手の信用を測るネガティブルールにしたがって、物質的に豊かな社会を築きあげてくれました。しかし、私たちミレニアル世代とさらに次の世代は、その延長線上に明るい未来がないことに、うすうす気がついています。

それに気づけたのは、物質的豊かさを築いてくれた戦後世代のおかげです。ネガティブルールでお金儲けをしても、リーマンショックではっきりしたように、真の幸せは得られないという、究極の姿も見せてもらいました。

だから私たちミレニアル世代は、違うルールで、違うことをしようと考えています。それが、信頼からスタートするポジティブルールによる、シェアリングエコノミーやソーシャルビジネス、サステナブルビジネスなどです。

世の中、ここまで物質的に豊かになっているのですから、性善説で信頼からスタートしても、大して損をすることはありません。

戦後間もない、世の中全体の「もの」が圧倒的に少なく貧乏なときには、確かに性善説では損をした人が多くいたでしょう。みんなが苦しいときには、その苦しみから逃れるために、平気でウソをつく人やだます人が一定数出てきます。そんなときに「性善だ」と言っても、だまされて損して終わってしまいます。

しかし、今は違います。ウソをついたり、だましたりして、他人を出し抜こうとした場合、それが発覚すると、社会からものすごいバッシングを受けます。それは生きていくのが大変になるほどで、ウソをついたり、だます行為は非常にリスクの高い行為になったのです。

最初の取引が成功したら、この相手は信頼できる人だと考えて関係を深め、取引のボリュームをどんどん増やしていけばいい。そしてもし、どこかのタイミングでウソをつかれたり、だまされたりしたら、その相手とは今後、一切取引をしなければいいのです。それで自分のビジネスやコミュニティが崩壊しないのであれば、ただ単に自分のネットワークからその人を遮断するだけで構わないのです。

評価経済を可能にしたデジタル社会の進化

こうしたことが簡単にできるようになったのは、デジタル社会がどんどん進化し、ＳＮＳを使って、誰もが簡単に情報発信を行うようになったからです。そして発信された情報を、多くの人がチェックしています。

ウソをついたり、だましたり、他人を出し抜こうとした場合、誰かがそれに気づき、そのコミュニティから追い出されてしまう可能性が高い。ズルをして得られるものよりも、失うもののほうが格段に大きくなっています。その結果、健全なコミュニティには、いい人ばかりが残って、悪い人がいなくなるのです。

また、個々人や企業のビッグデータを収集、管理、活用することが可能になったため、シェアリングエコノミーが急速に定着してきました。

シェアリングエコノミーの世界では、「他人からの評価・評判」のプラットフォームに基づいて取引がなされています。まず良い評価を得ることを誰もが目指します。そうしないとコミュニティに参加すらさせてもらえないからです。

そして、高い評価を得てからウソをついたりなど、ズルをすると、コミュニティからの退場を命じられ、これまで苦労して得た高い評価が、一瞬にして水泡に帰してしまいます。つまり、ズルや不正を行うよりも行わないほうが、ビジネスとして得をする社会になったのです。

半導体メモリの容量が少なかった時代は、ビッグデータを収集、管理、活用することが難しかったので、その結果、評価・評判経済のプラットフォームを、システムとして設計することができませんでした。

当時は、どこかで誰かがズルをしても、すぐにチェックすることが難しく、銀行などは信用調査をして信用を測るしかなく、経済的な担保を上回る融資はできませんでした。

今は、その人の評価や評判を、ビッグデータの活用によって、可視化できるようになったため、評価が高い人にとっては、ウソをついたり、だましたり、ズルをしてそのサービスからはじき出されてしまうほうが損失が大きいので、悪いことをしなくなるのです。

信頼からスタートし、その輪が広がった社会では、不正を働く価値はどんどん下がっていきます。

これは人に限ったことではありません。デジタル社会になり、誰もが容易にレファレンスをとることができるようになったため、企業も、商品も、サービスも、多くの人の評価や評判が高くなければ生き残ることができなくなっています。

こうしたポジティブルールでオープンな社会では、一人ひとりを信頼して仲間で新しいことにチャレンジするハードルが下がります。また、新しく挑戦してうまくいったら、その仲間たちと一緒に、もっと大きな課題にチャレンジできるようになります。

そうすることがシンプルにベストだということになります。

信頼からスタートする経済がどんどん進んでいるのは、デジタル社会の技術革新の側面も強くありますが、その基本的な哲学を生み出し、ソーシャルビジネスを実践してこられたユヌス先生の影響も小さくありません。

ユヌス先生がマイクロファイナンスを始めたとき、バングラデシュにインターネットはありませんでした。だから世界に広く知られるまでには時間がかかりました。

しかし、今ではインターネットによって世界中がつながっています。デジタル社会になり、評価・評判経済のプラットフォームがいくつも誕生しています。

信頼からスタートする経済は、どんどん世界中に広がっています。この流れはとどまることなく、今後さらに加速するしかないと私は考えています。

発展途上国で生まれた考えが、先進国のテクノロジーによって大きく広がり、再び発展途上国に戻ってきています。マイクロファイナンスは、アジアだけでなく、アフリカなど世界中に広がっており、何千万人もの人を今も貧困から救い出しているのです。

東日本大震災が突きつけた問い

信頼がいかに大切か。私が、改めてそれに気づかされたのは、東日本大震災でした。東日本大震災後、多くの人たちが生活の再建に取り組みました。その際、生活の再建が早かったのは、信頼されている人たちでした。

「あなたのビジネスがなくなると私も困る」「あなたのつくった牛肉や豚肉、魚や野菜が食べたい」と言われる人ほど、多くの人たちから応援され、早く生活やビジネスを再建することができたように思います。

受け取った復興交付金や助成金を有効に使って、ビジネスを再建した人、ビジネスを震災前よりも大きく成長させた人もいます。

その一方で、ビジネスの再建をあきらめた人たちも大勢います。あきらめざるを得なかった、と言ったほうがいいかもしれません。理由は様々だと思いますが、再建をあきらめる判断をした人たちもいました。

どちらが良い悪いではなく、一人ひとりに対して、再建するのか、あきらめるのか、どちらを選ぶのかが問われました。どちらを選んで、残りの人生を生きていくのか。

ちなみに、「もう一回お金持ちになってお屋敷に住んで高級自動車を数台持つ」という選択肢はありませんでした。また地震がきたら、津波がきたらすべて失う可能性があるわけですから、さすがに、もう一回お金持ちになって、多くの「もの」を所有したいという、奇特な人はいなかっただろうと思います。

東日本大震災で選択を迫られたのは、被災者だけではありませんでした。苦しいけれども再建の道を選ぶのか、それとも「どう考えても、どうやっても、もう無理だ」とあきらめの道を選ぶのか。日本人の誰もが、どちらを選択して生きていくのかが問われ、この厳しい厳しい問いと正面から向き合ったのです。

そしてこれは、新型コロナウイルス感染症のパンデミックにおいても同様です。生活するために給付金を受け取り、同じような問題を抱えている人たちと一緒にがんばっていると、自然と仲間が集まってきて助けてくれます。

そういう仲間たちと一緒にもう一回がんばる人になるか、がんばることをあきらめるか、日本中のほとんどの人がどちらかを選ばざるを得なくなっています。

バブル経済の崩壊後、約二〇年間まったく経済成長をすることができずに、日本人は何かモヤモヤしていました。しかし東日本大震災によって、「儲けることがすべてではない」「経済成長だけが唯一の目標ではない」ことに気づきました。これまでの資本主義の呪縛から解放されたことで、それまでのモヤモヤが吹っ切れたのではないかと、私は思っています。

それから一〇年、新型コロナウイルス感染症のパンデミックによって、戦後世代もミレニアル世代も日本人全体の価値観が大きく変わりつつあり、これまでの資本主義の影響力は、さらに弱まるかもしれません。

「ゼロか一〇〇か」では答えは出ない

先に、現在は性悪説のネガティブルールから性善説のポジティブルールへと変わる過渡期だと述べましたが、戦後世代がみんな性悪説で、ミレニアル世代以降はみんな性善説なわけではは、当然ながらありません。

バングラデシュに住んでいる人はみんないい人で、ズルい人はいません、ということでもありません。戦後世代にも、自己犠牲や他者貢献のマインドにあふれる人が大勢います。

ただ、リーマンショックや東日本大震災が起きるまで、経済合理性が極端に重んじられ、人は全員、合理的経済人でなければならないという考えが主流でした。「利他や自己犠牲の精神で、信頼からスタートしたらビジネスはうまくいかない」と考えられていたのです。

こうした極端な考え方が、さらに突き詰められた結果、リーマンショックが起きたのではないでしょうか。

それでは逆に、ソーシャルビジネスや持続可能な社会が一〇〇%正しいのかと言えば、そういうわけでもないでしょう。ユヌス先生も「ゼロか一〇〇か」では答えは出ない、と言っています。

その人にとっての、そのコミュニティにとっての、その国にとっての、世界にとっての中庸がどこにあるのかは、まだ誰にもわかりません。なぜなら、それを考え始めたばかりだからです。これからみんなで考え続けて、答えを出していけばいいのです。

ミレニアル世代やその次の世代は、すでに動き出しています。戦後世代にとっては、これまで何十年も信じてきた価値観を変えるのは難しい面もあるでしょう。それは当然です。ただ、新型コロナウイルス感染症のパンデミックで、ものの見方を大きく変える人も、多く出てくるはずです。

ゼロか一〇〇かと極端に考えてはいけないと思います。極端な考えになった人がどうなったか。二四時間、三六五日、金儲けのことしか頭になかった人はリーマンショックで大打撃を受けました。

何事においても、一〇〇%というのは無理がある前提だということも、今は多くの人が理解しているのではないでしょうか。

大事なのは、自分を信じて行動すること

それでは、「ゼロか一〇〇か」で考えても答えが出ない、正解がわからないとき、私たちはそうした問題に対して、どのように向き合えばよいのでしょうか。

私のつたない経験から言えるのは、「大切になるのは行動を起こせるかどうか」だということです。自分が一生懸命考えて出した答えを信じて行動する。

「個人にとっても、企業にとっても、行動しないことが最大のリスクだ」

こう言うと、皆さん、「そんなことはわかっているよ」と言います。でも、実際にはなかなか行動しません。新たな行動を起こすことに非常に消極的です。

それでも、私は楽観的に考えています。なぜなら、繰り返しになりますが、二〇二五年にミレニアル世代が生産年齢人口の過半数となるからです。彼らは、これまでの価値観やビジネスのやり方に明るい未来が待っていないことを、肌感覚でわかっています。

彼女ら彼らが社会の主役になるとき、新しい均衡に移るときには、信じられないぐらい

あっという間に様々なことが変わることでしょう。それが先に述べた、臨界点という状態です。

同じH_2Oであっても、九九度と一〇〇度という、わずか一度の違いで水が蒸気に変わるように、社会もまったく別の社会に生まれ変わります。リニア（直線）ではない変化が起こるのが、臨界点の一番面白いところです。

そして、これも大事なことなのですが、どう変化するかは誰にもわかりません。どんなに考えても、シミュレーションしても、臨界点の先に何があるのかは、予想できません。リニアではない、先のわからない変化なので予測できないことに頭を使ったり、不安になったりしても、あまり意味がありません。

臨界点を超えた後どうなるのかについて考えたり、分析したり、予測したりするのではなく、自らの行動によって未来を創り出すことに注力したほうがいい。最初に行動した人が未来を創り出すのですから。

日本の道路は、左側通行ですが、アメリカは右側通行です。自動車が走り始めたときに、それが決まったのだと思いますが、それ以前に、どちらになるかを予測することはできませんでしたし、それを予測することに意味などありませんでした。

最初は、左側通行と右側通行が入り乱れて、事故が起きたことでしょう。そこで事故をなくすために、どちらかに統一したと考えられますが、統一できるのなら、どちらでも良かったのだと思います。

均衡が定まっていないときには揺らぎが生じます。しかし、一度何らかのきっかけで定まれば、それで問題はなくなります。

どちらになるかを予測することに意味はなく、とにかく車に乗って走ってみる。走っていれば、いつか定まる。定まればそれに従う。

こうした発想でとにかく行動を起こさないと、イニシアティブをとることはできません。

ミレニアル世代が自分たちの肌感覚で、自分たちの価値観で社会のルールなどを決めるようになったとき、生き残れる企業は、ソーシャルビジネスやＳＤＧｓに真剣に取り組んだ、たとえばヴェオリアやダノンなどでしょう。

そして、私たちユーグレナ社も生き残れるように、「サスティナビリティ・ファースト」というユーグレナ・フィロソフィーのもと、仲間たちと一緒に新しい行動を次々と起こしていきます。

7章

パンデミック後、社会はどう変わるのか

日本は「失われた三〇年」から反転攻勢できるか

日本は平成の三〇年間、まったく経済成長することができませんでした。バブルがはじけたあと、その後遺症に大いに苦しみました。当初は「失われた一〇年」と言われていましたが、それが「失われた二〇年」になり、「失われた三〇年」になり、令和になった今もその反省を繰り返しています。

しかし、どちらかと言えば平成期よりも、昭和の終わりのバブル期こそが異常だったのではないでしょうか。土地の価格も、株価も右肩上がり。お金があれば何でも買えるとばかりに、ニューヨークのエンパイア・ステート・ビルやロックフェラーセンターを日本企業が買収しました。

本来、日本は「とにかく儲ける」という金融資本主義との相性は悪く、古来より、売り手よし、買い手よし、世間よしの「三方よし」の商売哲学や経営哲学を重んじてきました。自分だけが儲かればいいのではなく、相手も喜び、広く世の中全体がよくなることが商売の基本だと考えてきたのです。

金融資本主義のフィールドは、いわば欧米のホームグラウンドであり、日本にとってはアウェーだったと言えるのかもしれません。だから金融資本主義がグローバルに拡大した平成期に成長できなかったのは、ある意味で当然のことです。

ただ、この潮目も二〇二五年に大きく変わります。欧米がホームの、これまでの金融資本主義から持続可能な社会を実現するフィールドへと転換します。これは日本にとって大きなチャンスです。なぜなら、江戸時代は持続可能な社会として三〇〇年近く続き、「三方よし」や「もったいない」といった精神が、少なからず現代の日本にも息づいているからです。

日本人は、「三・一一」も経験しました。先に述べたように、世界に先駆けてこれまでの資本主義の限界に気づくことができた、というアドバンテージがあります。このアドバンテージを生かして、二〇二五年を待たずに価値観の転換を図り、一年でも二年でも早く持続可能な社会に向かってスタートを切ることができれば、日本の未来だけでなく、地球の未来が明るく輝くものになるのではないかと期待しています。

新型コロナウイルス感染症が世界の変化を加速する

そして、二〇〇八年にアメリカで起き、二〇一一年に日本で起きたことが、二〇二〇年、世界中で起きています。新型コロナウイルス感染症のパンデミックです。

ポストコロナで、社会がどうなるのかは誰にもわかりません。

社会は様々な要因が複雑に影響し合っています。蝶の羽ばたきが、地球の反対側で竜巻が起こすという「バタフライ・エフェクト」や「風が吹けば桶屋が儲かる」といった連鎖も、後付けでならいくらでも説明できますが、蝶の羽ばたきを見て、地球の反対側のいつどこで竜巻が起こるのかを予測することはできません。

同様に、ポストコロナの社会がどうなるかは、誰にとっても予測不可能です。

ただ、私はまったく悲観していません。リーマンショックで資本主義の限界を悟り、東日本大震災で自然の偉大さを思い出し、原発事故で科学が万能ではないことに気づいたように、今回の新型コロナウイルス感染症のパンデミックで世界中の人たちが、「現在の価値観の延長線上に明るい未来はないのではないか」と考えるようになると思うからです。

そう考えるようになった人たちは何を望むでしょうか。私は、半分の人は、持続可能な社会、循環型社会を選ぶと思います。

日本なら江戸時代のような、ヨーロッパなら産業革命以前の中世のような、循環型社会に移行することを選ぶのではないでしょうか。それが、「戻る」ことになるのか、「進む」ことになるのかは別として、江戸時代的な、中世的な持続可能な範囲で生活していきたいと考えるようになると思うのです。

もちろん、一部にはまだまだ大儲けしたい人たちが一定数います。この一定数の人たちの考え方は、今後も変わることはないのでしょう。

しかし、大事なのは一〇〇％ではなくて過半数かどうかです。二〇二五年を待つことなく、金融資本主義や科学万能主義の限界に気づき、価値観が大きく転換して、持続可能な社会、循環型社会に向かって進み始めることができるのだとしたら、新型コロナウイルス感染症のパンデミックも「禍を転じて福となす」ことになる可能性も十分にあると、私は希望を抱いています。

ワクチン開発が教えてくれる科学の限界

世界経済フォーラムが毎年一月にスイスのダボスで開催する年次総会、通称「ダボス会議」でも、感染症は常にグローバルリスクのトップテンに挙げられていました。にもかかわらず、きちんとケアされることはありませんでした。

感染症対策のために、WHO（World Health Organization：世界保健機関）が各加盟国に一〇億円の拠出を求めても、その求めに応じて拠出する国はなかったのです。

今回、新型コロナウイルス感染症のパンデミック対応のために、どの国も数十兆円、数百兆円という膨大なお金を、捻出しています。要するに、事前の感染症対策を行う金額の何百倍も高い金額を支払うことになったわけです。

人類は、不治の病と言われた天然痘を、天然痘ワクチンの開発という科学の力で克服しました。どんな病気であっても科学の力でワクチンを開発し、どのような感染症も克服できると、これまで言われてきました。

現在も、世界の製薬会社がこぞって新型コロナウイルスのワクチン開発を進めています。

通常、ワクチン開発には長い時間がかかります。仮に効力のあるワクチンが開発できたとしても、妊婦には使えない、高齢者には使えない、持病がある人には使えないなど、様々な制約や副作用があることが考えられ、それによって、科学が決して万能ではないことに多くの人が気づくと思います。

もしかしたら、科学の知識のあるなしにかかわらず、すでに多くの人が直観的に気づいているのかもしれません。どんなに科学が進歩しても、すべての病気、すべての感染症を克服できるとは限らないことを。

抗生物質と耐性菌は「イタチごっこ」

感染症、なかでもウイルスによって万能だと思われていた科学の限界に多くの人が気づくというシナリオは、私はまったく予想していませんでした。

私が最も恐れていたのは、同じ感染症でも抗生物質が効かない耐性菌が世界中に広まってしまうことでした。どういうシナリオか、簡単に説明しましょう。

世界初の抗生物質、ペニシリンがイギリスのアレクサンダー・フレミング博士によって発見されたのは、一九二八年のことです。この抗生物質の発見のおかげで、これまでに多くの人たちの命が助かったことは、みなさんご存じの通りです。

ただ、大腸菌や細菌などは、たった一〇分、二〇分で一世代変異します。つまり、恐ろしいほど速く進化し、変化するため、一年後には必ず抗生物質が効かない菌が出現します。

たとえば、ペニシリンが効かないaという菌が出現したとしましょう。そのa菌を退治するために、科学によってペニシリンよりも強いAという抗生物質をつくります。しかし、一年後には、そのA抗生物質も効かないb菌が出現します。そこでb菌を退治するためにB抗生物質を開発します。しかし、また一年後にはB抗生物質が効かないc菌が出現し……、ということを繰り返してきたのが、これまでの科学の現実なのです。

この繰り返しの果てにたどり着いたのが、バンコマイシン耐性腸球菌「VRE」と、カルバペネム耐性腸内細菌「CRE」です。

これらの菌が出現する前までは、黄色ブドウ球菌などを退治するペニシリンの親玉のような抗生物質「バンコマイシン」が大腸菌系で最強でした。

ところが、このバンコマイシンでも効かない黄色ブドウ球菌が現れます。それがVREという耐性菌です。このVREに効く抗生物質がないかと言えば、あります。「コリスチン」という抗生物質です。

このコリスチンはVREに現在最も効く抗生物質です。ただ、このコリスチンでも効かない大腸菌がすでに発見されています。

こうした抗生物質の効かない耐性菌が、何らかのかたちで感染を広げてしまったらどうなるでしょうか。今回の新型コロナウイルス感染症のパンデミック以前から、抗生物質の使用などによって発生する抗生物質に耐性をもった菌は、世界的に問題となっていました。抗生物質の過剰な使用により、どんな抗生物質でもまったく効かない耐性菌を生み出しかねない、とWHOは警鐘を鳴らしています。

科学では解決できない問題とは？

人を幸せにするために進歩、発展を遂げてきた科学。一〇〇年あまりをかけて研究されてきた抗生物質、つまり科学が最後にたどり着いたのがこんな結末だと知ったら、多くの人が落胆することになるでしょう。

しかし現実には、科学は今もこの「イタチごっこ」の道を進み続けています。それに対して、私はまったく批難することなどできません。この道でこれまでに病気が治った人たちが大勢いるのですから。

患者は抗生物質が自分の病気に効くと聞けば、「抗生物質を出してくれ」と言います。抗生物質を安易に使いたくないと考えている医者は、「免疫力を上げて、抗生物質を使わずに治しませんか」と言うでしょう。でも、「なぜ私にだけ抗生物質を出してくれないのですか」と言われてしまうと、医者も抗生物質を処方せざるを得なくなります。

結果、抗生物質の処方量が世界で加速度的に増えています。ということは、抗生物質が効かない耐性菌が、世界のどこかで生まれる可能性も、加速度的に高まっているということです。もっと言えば、私たち人間が間接的に耐性菌をつくっているのです。耐性菌が出現するスピードはどんどんアップしています。

世の中の多くの人が貧乏だったときには、お金をどんどん儲けることが善であり、当然のことでした。同様に、病気に対して抗生物質が効くのであれば、どんどん使うことが善であり、当たり前のことでした。

この一〇〇年間ぐらい、みな普通にそう思っていましたし、それは間違いではなかったのだと思います。ただ、そろそろ方向転換を図らないと、この先、どこかでいきなり道が途絶えてしまい、多くの人が路頭に迷うことになるのではないでしょうか。

科学はこれまでに様々な問題を解決してきましたし、これからも解決してくれるでしょう。たとえば、現在はまだ完全に治療することができない「がん」――悪性腫瘍という病気は、今世紀前半中には完全に治療できるようになり、がんで死ぬ人はゼロになるでしょう。

現在開発が急がれている自動運転技術も、早晩、実現可能になり、自動運転車だけが走るようになり、交通事故はゼロになります。

このように今はまだ解決できていない問題であっても、科学で解決が可能な問題はすべて二〇五〇年までに解決されることでしょう。

科学はそこまで進歩してきました。科学の素晴らしいゴールがもうすぐやってきます。

ただし、世の中には科学で解決できる問題がある一方で、科学では解決できない問題もあります。科学では解決できない問題の一つが、今まさに渦中にある新型コロナウイルスのような感染症の問題です。

これは原理的に科学では解決できない問題です。なぜなら、新型コロナウイルスのワクチンを開発できたとしても、ウイルスの遺伝子の変異が速いため、一年後にはまた、新しいウイルスが出てくる可能性があるからです。

ウイルスや耐性菌による感染症は、科学では原理的に解決が不可能な複雑系なのです。同様に、天気予報も一〇〇%的中させることができない複雑系の一つです。ほかに、地震予測、火山噴火予測なども原理的に科学では解決できません。

複雑系と呼ばれる正規分布に収まらない分布のもの――自然界のものは、フィードバックが無限にかかっているので、統計的に処理できません。だから、原理的に科学では解決できないのです。

問題を考え続けることから逃げるな

科学はこれまでに様々な問題を解決してきました。がんで亡くなる人はゼロになり、交通事故もゼロになるでしょう。だから、これからもどんな問題でも科学で解決できる、科学で解決できない問題はない、と多くの人が考えていますが、一〇〇％すべてを科学で解決できると考えることが間違いなのです。

では、科学では解決できない問題に対して、人間はどう向き合っていくのか。この問いについて、今後、人間は考える必要があります。

人間には、頭で理解できないことでも、身体的に理解する身体性や、感じて理解する感性があります。

そして、人間に理解できないものの象徴が「神」であり、神について考えたり、理解するのが宗教です。哲学もまた物事の真理を探究するという意味で、理解できないものや、簡単には答えが見つからないことを考え続ける学問です。

こうした人間がもっている知能、身体性、感性、宗教、哲学などを総動員して考え続けることから逃げないことが、これから強く求められるのではないかと私は考えています。

これは私の直観でしかありませんが、人間がもつあらゆる能力を使わず、考えることをサボると、取り返しのつかないことになってしまうような気がします。

この二〇〇〇年、科学の地位は上がり続けてきましたが、逆に、宗教や哲学の地位は下がっています。だから、科学でも何でもできると多くの人たちが思うようになったのですが、科学はそれほど都合のよいものではないのです。

これからは、科学の抱える課題について考える必要があるのではないでしょうか。

今回の新型コロナウイルス感染症のパンデミックにより、科学にもできないことがあることが世界に知れ渡りました。しかしかえってこの経験によって、持続可能な社会へのシフトが早まるのではないかと期待しています。

なぜなら、「コロナと共生していく」と言われるように、ウイルスや耐性菌も、気候変動も、地震や火山の噴火も、ゼロにすることもできなければ、ゼロになるものでもないからです。

こうした科学で解決できない問題は、人間が生きていく限り永遠に付き合っていくものであり、持続可能な社会というのは、こうしたものも含めて永遠に継続していくことができる社会だからです。

金融資本主義の一つの終点が二〇〇八年のリーマンショックだったなら、科学万能主義の一つの終点が二〇二〇年の新型コロナウイルス感染症のパンデミックだったと言えるかもしれません。どちらも終点まで来たということであり、その延長線上に明るい未来はないことを暗に告げているのだと思います。

日本のミレニアル世代が次代を切り拓く

随分と悲観的なことを述べてきましたが、新型コロナウイルス感染症のパンデミックも、私たち人類はきっと乗り越えることができます。これは確実です。ただ、新型コロナウイルスを抑え込んだとしても、必ずまた新しいウイルスや菌が現れます。これもまた確実なことなのです。

将来的には、新型コロナウイルスよりも感染力の強い、あるいは毒性の強い感染症が世界中に広がる可能性は、残念ながら高いのです。

「イタチごっこ」というのは、がんばって走り抜けたらゴールにたどり着けるわけではなく、ずっと走り続けなければならないゴールのないレースのようなものです。もしくは、車のブレーキが壊れていて止まることができない、走り続けるしかないレースです。これが、現在の世界です。

新型コロナウイルス感染症のパンデミックによって、それがかなり困難で厳しいレースだということが、多くの人には身に沁みてわかったのではないでしょうか。

こうしたことにすでに気づいている人は、世界中にたくさんいます。ダボス会議でも同様の指摘はこれまでに数多く行われてきました。

しかし、私はまったく悲観していません。現在進んでいる道の先に明るい未来がないかもしれないと気づいたのであれば、来た道を少し戻るなり、別の道を選んで進んでいけばいいだけだからです。

特に日本のミレニアル世代は、一〇年前の「三・一一」でそのことに気づくことができました。そのおかげで、お金を儲けることよりも、持続可能な社会を実現することに自分の能力を使おうとする人たちが、現在、確実に増加しています。

私は世界の中で、次の時代に主流となる価値観や新しい資本主義、サステナブル資本主義と呼べるようなシステム、つまり次代の「答え」に一番近いところにいるのが、日本のミレニアル世代だと考えています。

欧米先進国が、ＳＤＧｓを言いだしたとき、私はその考え方に共感しつつも、「簡単にそれに乗っかるのはしゃくだな」とモヤモヤしてしまいました。なぜなら、これまでの資本主義と科学万能主義を先頭に立って推し進めてきたのが、ほかならぬ欧米先進国だからです。

日本には、江戸時代に循環型社会の経験があり、それを支えた思想や哲学もあります。こうした遺産をＩＴなどのテクノロジーを加味しながら、未来に向けてバージョンアップすることは十分に可能でしょう。

ミレニアル世代が、持続可能な循環型社会を実現するために、自ら挑戦し、実行する。そして、成功事例や先進事例を積み上げ、それらを世界に発信していくことを期待しています。

その際に大事なのが、上から目線で啓蒙する、一方的に教えることではなく、各国の国民の中に入っていって一緒に行動し、共感の輪を広げていくことです。

ミレニアル世代のこうした行動に、明るい未来と希望が詰まっているのではないかと考えています。

8章

上の世代の二つの使命

豊富な経験に裏打ちされた「哲学」を語り伝える

ソーシャルビジネスやサステナブルビジネスは、持続可能な社会にシンパシーを強く抱いているミレニアル世代が中心になって担っていくことになるでしょう。

そう言われると、ミレニアル世代より先輩の世代の方々は、「われわれの出番はなくなるのか」「社会から取り残されてしまうかもしれない」と心配になるかもしれません。

しかし私はそうは思っていません。ミレニアル世代の人間の一人として、ぜひ先輩世代の人たちにお願いしたいことが二つあります。

一つが、ミレニアル世代に「哲学」を語り伝えてもらいたい、ということ。もう一つが、ミレニアル世代のメンターとなり、アンカーを与えてほしい、ということです。アンカーとは、船の碇のことですが、どういうことなのか、詳しくは後ほど述べます。

まず確認しておきたいのは、先輩の世代はこれまで、金融資本主義下のビジネスのメインプレイヤーでしたが、だからと言って、全員が金融資本主義の信奉者ではない、ということです。

実際に、農林水産業に携わっている人たちの多くは、私より先輩の世代ですし、金融資本主義の中でビジネスを行ってきた人たちの中にも、「このシステムのあり方は、何かおかしくないか」と感じている人がたくさんいたと思います。

ただ、そうした人たちの、「金儲けばかりなのはおかしい」という声は、残念ながら大きくは響きませんでした。「そんなことを言う暇があったら、まずは稼げ」という声にかき消されてしまったのかもしれません。

どちらにしても、先輩世代のマジョリティは、これまでの資本主義、金融資本主義に明らかに肯定的です。

こうした現代社会の現実を認識したうえで、先輩たちにお願いしたいのが、ミレニアル世代に哲学を語り伝えることです。哲学を語り伝えるなどと言うと、何か難しいことのように受け取られてしまうかもしれませんが、実はそうでもありません。

たとえば、「金儲けばかりなのはおかしい」と感じている人がいるなら、どこがおかしいのかを自分のビジネス経験に照らしてみたり、古典などを読んで勉強したりなど、まずは熟考してみてほしいのです。

そのうえで、「お金とはそもそもどんな存在か」「何のためにビジネスをやっているのか」「自分の会社の世の中における存在意義とは何か」などについて、自分の考えを整理し、その整理した考えを、自らの経験を交えながら、私たちミレニアル世代に語ってもらいたいと思っています。

経済が成長し続けている時代には、自分なりの考えを整理し、それを経験も交えて次世代に語ることは、それほど必要とされませんでした。その暇があれば、行ったことがない会社に営業に行き、自分たちの製品やサービスのメリットを説明し、販売したほうがよかった。

しかし、経済が成熟し、未開拓のフロンティアがなくなったときには、自らのビジネスに対する確固たる信念や哲学をもち、それを訴えることでしか、仕事が成立しなくなります。

数や量の勝負から質の勝負に変わるのです。ソーシャルビジネスやサステナブルビジネスでは、間違いなく質の勝負になります。

先輩世代の多くは、自分たちのビジネス経験、特に成功体験を語るのが好きです。しかしそれは、上っ面の「金儲けの方法」を語っているに等しいと、私は思っています。それは必要ありません。上の世代がミレニアル世代に伝えるべきは、金儲けの方法ではないのです。

ミレニアル世代の多くはまだ三〇代で、ビジネスにおいても人生においても、経験が十分とは言えません。だからこそ、先輩たちには、豊富な経験に裏打ちされた考え——哲学を深めて、私たちミレニアル世代に語り伝えることをお願いしたいのです。

東洋哲学にこそ、ポストコロナを生き抜くヒントがある

さらに、これからはポストコロナの激動の時代を迎えます。それに向けては、ミレニアル世代を中心に、その上の世代も下の世代も、世代を超えたコミュニケーションを重ね、意見交換し、切磋琢磨しながら、持続可能な循環型社会をどうつくり、その中でどう生きるか、何に幸せを見出すかを、固めていかねばなりません。

その際、おすすめしたいのが歴史や古典に学ぶということです。その際、欧米の西洋哲学ではなく、東洋の哲学に学ぶところが多いのではないかと考えています。

西洋哲学は、論理性を非常に重視し、世界の本質の理論的解明を目指しています。科学的な哲学であり、演繹的です。一方で東洋哲学は、人生をどう生きるかを考えるところに命題の中心があり、人間の在り方を問う思索が中心です。農学的な哲学であり、帰納的です。

先に述べたように、これから農学的な価値観が重要度を増していくのだとしたら、学ぶべきは東洋哲学ではないでしょうか。

孔子の思想を弟子たちがまとめた著書の一つ、『大学』に「修身斉家治国平天下」という言葉があります。

「修身」は身を修めるということで、一人ひとりが哲学や倫理などで身を修めることによって「斉家」、つまり家がととのい、家がととのうから「治国」、つまり国が治まり、「平天下」、つまり天下が平安になるのだと孔子は言います。非常にシンプルで本質を突いたものの考え方であり、順番もこれしかありません。

ここから言えることは、国や社会が混乱しているときこそ、まずは一人ひとりが哲学や倫理などで身を修めるべきだということです。

新型コロナウイルス感染症のパンデミック下では、マスクの着用や外出制限など、制約が多い生活となり、ストレスがたまりがちです。しかし、そのストレスを暴力や言葉による攻撃などで発散したのでは、家庭内暴力が起こって家が荒れ、暴動や略奪などで国が乱れます。実際、そういう事例が日々、世界各地で発生しています。

ポストコロナの時代、さらには持続可能な循環型社会への移行期には、社会的に様々なトラブルが生じるでしょう。それらを収拾するために、ミレニアル世代は新たな価値観を身につけなければなりません。

しかし混乱に身を置きながら、ゼロから新たな価値観や哲学をつくっていくのでは、いくら何でも遠回りです。そこで、孔子の叡智などを学べばよいのです。東洋哲学が、これからの時代を生きる、大きなヒントを与えてくれるはずです。

孔子の叡智や東洋哲学について深く学んでいる方には、ミレニアル世代以後の若者に、遠慮なく、どんどんその神髄を教えていただきたい。

「孔子について、『論語』について若い人たちに語ると、古くさいと思われてしまうから嫌だ」

そんなふうに思っている方もいるかもしれません。しかし、そんなことはありません。ミレニアル世代が知りたい、教えてほしいと思っているのは、先輩の経験や考え方にもとづいた哲学、東洋の農学的な、帰納的な哲学なのです。

現在は、先輩世代が教えたいことと、ミレニアル世代が教えてほしいこととの間には大きなギャップがあります。このギャップが少しでも埋められたら、これまであまりスポットライトが当たってこなかった、かつて循環型社会だった時代に日本を支えていた東洋哲学を、先輩世代がミレニアル世代に伝えることができたなら、ポストコロナの時代、日本は新しい持続可能な循環型社会に向けて、ロケットスタートを切ることができるでしょう。

なぜメンターとアンカーが必要なのか？

また、ミレニアル世代には、哲学だけでなく、その哲学を授けてくれる「メンター」と「アンカー」も必要不可欠です。先輩世代の方々には、それに関わる存在になっていただきたい。

「バングラデシュで活動できるまでの九年間、よく途中で挫折しませんでしたね」よく、こう言われます。私が挫折しなかった理由は何か。それがメンターとアンカーの存在でした。

メンターとは、心の底から尊敬している先生、先輩、師匠、指導者などのことです。一方でアンカーとは、メンターからもらったお守り、アイテム、思い出の品、トロフィー、手紙などです。

人を動かす原動力となるのは、お金や情熱だとよく言われます。しかし、ミレニアル世代にとってお金が原動力になり得ないことは、これまで述べてきた通りです。

ミレニアル世代にとっての原動力、イニシアティブ、モチベーションのドライバーは、もう一つの重要なファクターである情熱です。この情熱の火が消えないようにすることが大事になりますが、それを可能にするのが、メンターからもらったアンカーです。

上の世代には、哲学を授けるメンターになると同時に、何でも構わないので、「それを見たら消えかかった情熱の火がまた大きくなる」、そのようなアンカーを、ミレニアル世代にプレゼントしてください。

私にとってのメンターは、ムハマド・ユヌス先生です。ユヌス先生から私は、「ソーシャルビジネスによって貧困をなくす」という、社会問題の解決の夢を分けてもらいました。そこにはもちろん、ユヌス先生の哲学も含まれています。

ミレニアル世代にとっては、この哲学と夢を分けてもらうことが一番大事です。ただ、哲学と夢は消えやすいものです。ですから、情熱の火が消えないようにするために、アンカーが必要になります。

アンカーは値の張るものである必要はありません。メンターや、その哲学や夢を、また、自分の人生の目的を、一瞬で思い出させてくれるスイッチになるものであれば、何でもいいのです。

たとえば、メンターである先生、先輩、師匠、指導者から送られた手紙や、そうした人が書いた本などは、アンカーになります。

私にとってのアンカーは、一八歳のときにバングラデシュのお土産として買った一枚の青いTシャツです。私の場合は、メンターであるユヌス先生からもらったわけではありませんが、そのTシャツを見ると、バングラデシュのことがパッと思い出されます。

会社を創業してからしばらくは、「もう、やめてしまいたい」と思う日のほうが多くありました。それでも今日まで続けてこられたのは、本当にありがたいことに、ユヌス先生というメンターがいたこと。さらには、メンターと一緒に実現したい未来、夢のことを思い出させてくれるアンカーであるTシャツがあったからです。

この青いTシャツを見ると、ユヌス先生のこと、一八歳当時のバングラデシュでの経験を、全部思い出せます。私は今でもこのTシャツを、クローゼットの見えるところにしまっています。

当初は、特に意識していたわけではなく、Tシャツだからクローゼットに入れていただけでした。結果として良かったのは、仕事がうまくいかずに、もうやめてしまおうと思いながら家に帰ってきて着替えるとき、そのTシャツが、自然と目に入ったことでした。

青いTシャツを見ると、ユヌス先生のことを思い出し、当時のバングラデシュのことを思い出し、もう一日だけユーグレナの培養の実験をしてみよう、もう一日だけ営業をがんばってみよう、もう一回だけ銀行に資金のお願いに行ってみようといった、「あともう一回やってみよう」という情熱が湧いてきました。

メンターだけでは、苦しいときを乗り越えることはできません。苦しいときは、苦しいこと、つらいことしか脳が再生できなくなりますから。

しかし、アンカーが目に入ると、メンターのことを思い出します。メンターのことを思い出すと、消えかかっていた情熱に火がつくのです。消えかかっていた炭火が、酸素が送り込まれることで、火力を取り戻すように。

毎日、火は消えかかるのですが、アンカーを見て、メンターのことを思い出して、あともう一回だけ、もう一日だけがんばるということを私は繰り返してきました。それで何とかここまで来ることができたのです。

そして、メンターとなってアンカーを与えてほしい

繰り返しになりますが、私が今日までソーシャルビジネスや、そのほかの事業を続けてこられたのは、ユヌス先生というメンターがいたことと、メンターのことやメンターの哲学や夢、自分の生きる目的を一瞬で思い出させてくれる青いTシャツというアンカーがあったことに尽きます。

もちろん、私とユヌス先生との関係は、一つの事例に過ぎません。もし、日本のミレニ

アル世代と先輩の世代が強い関係性を築くことができたなら、ポストコロナの新時代に、東洋哲学の考えに基づく日本型の資本主義、サステナブル資本主義を生み出し、世界に先駆けて持続可能な循環型社会を実現できるのではないでしょうか。

日本人は、欧米流の意識変革を図ることをやめ、一つの正解を広げる西洋流の演繹的な方法ではなく、様々なことを試してみる帰納的な方法を実行すべきです。そして大小の成功例を無限につくって、世界の人たちを振り向かせるのです。

無限に成功例をつくるためには、時間がかかります。失敗もたくさんします。何もしなければ、多くの人たちの情熱の火は途中で消えてしまうことでしょう。その結果、金融資本主義やグローバリズムが破綻するまで突き進んでしまう、というのでは、あまりに情けないと思いませんか。

ミレニアル世代には、哲学と情熱が失われない仕組みが必要なのです。そのために、先輩世代には、ミレニアル世代に哲学を語り伝え、ミレニアル世代のメンターになり、手紙でも、お守りでもいいので、何かアンカーになるものを渡してあげることをお願いしたい。

メンターになると言っても、それほど身構える必要はありません。ミレニアル世代もメンターに何でも聞こうとしてはダメです。それでは夢や目的をかなえることはできません。「困ったことがあったらいつでも聞いてくれ」ではキリがありません。メンターは、「これを私だと思って」と言って、何か一つのものを渡せばいいと思います。

先輩世代がミレニアル世代に経験と哲学を語り伝えることができたなら、私たちミレニアル世代は、それと自分たちが積んでいく経験をハイブリッド化して、自らの哲学を生み出します。そして、それを次の世代に語り伝えます。

また、科学と哲学をハイブリッド化することも、持続可能な社会を実現するためには非常に重要になるでしょう。

今後、地球の人口が一〇〇億人になったとしても、一人ひとりが「この地球に生まれてよかった」と思えるように、先輩世代からミレニアル世代へ、ミレニアル世代から次世代へ、しっかりとコミュニケーションをとりながら、バトンを渡していきたいと思います。

私たちが持続可能な社会の実現に向けて舵を切っているか、二〇二五年に答え合わせをしましょう！

あとがき

本書の最後に、二〇〇六年にノーベル平和賞を受賞した、グラミン銀行創設者であるムハマド・ユヌス先生のアフターコロナ社会に向けての提言を紹介します。

これから迎える、今まで誰も経験したことがない状況のなかで、私たちには何ができ、そして何をするべきなのでしょうか？　どう生き、どう行動していけばいいのか、ユヌス先生の提言から、ヒントを得ていただければと思います。

アフターコロナ社会におけるわれわれの行動で、ユヌス先生がかねてより提言している三つのゼロ――貧困ゼロ、失業ゼロ、CO_2排出ゼロ、が達成できるのかが決まると思います。アフターコロナ社会は、「元に戻す」のではなく、新しいものを打ち立てなければいけないのです。

ＳＤＧｓは、「誰一人取り残さない（No one will be left behind）」ことを誓っていますが、ユヌス先生が「Will have no place to hide」とおっしゃっている通り、新型コロナウイルス感染症からは、世界中どこにいても逃げ隠れすることはできないのです。みんなで、この世界的な問題に立ち向かわなければならないことを、ユヌス先生は一番伝えたいのだと思います。

今までは、貧困ゼロ、失業ゼロ、CO_2排出ゼロ、の三つのゼロを実現しようとしても、言葉通り、逃げたり隠れたりしてしまう人がいました。例えば「CO_2排出ゼロ」に関しては、気候変動問題に対して世界全体で取り組むための議論の場であるCOP21（第二一回気候変動枠組条約締約国会議）からアメリカが脱退したことは、一つの例として挙げられます。

しかし、既にご存知のように、新型コロナウイルス感染症の問題からは誰も逃げたり隠れたりすることはできません。

私は、今こそユヌス先生の提言する三つのゼロを解決するチャンスだと考えています。まずは「CO_2排出ゼロ」。これは、環境に配慮した経済回復、グリーンリカバリーがキーワードとなり、EU圏内ではそれで一致団結しています。EUを起点としてグリーンリカバリーを世界に広めていけば、「CO_2排出ゼロ」の達成も夢ではありません。日本も菅総理の所信表明演説でグリーンリカバリーに舵を切り、米国も中国もグリーンリカバリーを主軸に動き始めました。

次に、「失業ゼロ」。これは、ソーシャルビジネスを牽引する「ソーシャルアントレプレナー（social entrepreneur：社会起業家）」がキーワードだと考えています。みんながソーシャルアントレプレナーになれば、失業問題は解決できます。みんなが求職者でなく起業家になれば、「失業」という問題はなくなります。

ソーシャルアントレプレナーは社会問題を解決することを目的として活動するため、世界をより良くするためにソーシャルビジネスを牽引し、どんどん広げていきます。ユヌス先生は、「各国政府はソーシャルビジネスを応援するファンドを起ち上げるべき」だとおっしゃっています。

新型コロナウイルス感染症を克服するのと同時に、みんながソーシャルアントレプレナーになることで、「失業ゼロ」が達成でき、ソーシャルビジネスによって「CO_2排出ゼロ」の実現にも近づけることができるのです。

ユヌス先生は、「失業ゼロ」と「CO_2排出ゼロ」、この二つのゼロを達成することによって「貧困ゼロ」も達成できるという、ポジティブで前向きな未来を想定しています。

「CO_2排出ゼロ」と「失業ゼロ」、「貧困ゼロ」は、問題のスケールが異なります。貧困問題は他の問題とは次元が違い、全ての問題の出発点であり、終着点なのです。

貧困が原因で失業が生まれ、貧困から抜け出すために移民問題が発生し、そして経済大国でなくても、貧困によってCO$_2$排出問題も発生します。例えば、貧困で苦しむ人が「CO_2排出削減のために熱帯雨林を切るな」と言われても、生活のために森林伐採をしなくてはならないのであれば、伐採しない訳にはいきません。

このように、貧困があらゆる問題を生み出し、すべての問題の出発点となっています。それを解決するためにどうするか。これからは求職するのではなく、それぞれがソーシャルアントレプレナーとして活動することで、「失業ゼロ」を達成しながら「CO_2排出ゼロ」、そして「貧困ゼロ」につなげていくのです。グリーンリカバリー×ソーシャルアントレプレナーで、諸悪の根源と言われている貧困にも立ち向かえば、三つのゼロを達成できるでしょう。

今こそ、従来の資本主義から脱却し、新しいサステナブルな社会を構築する時だと確信しています。

現在、ユヌス先生は新型コロナウイルス感染症ワクチンを「a Global Common Good（世界公共財）」として、世界中の人々に無料配布するよう、各国の大統領、首相、そして多くのノーベル賞受賞者やグローバル企業のＣＥＯたちと共に呼びかけをしています。

新型コロナウイルスの感染拡大によって、世界がいかに小さいかを誰もが実感できたと思います。そして、今、失業や気候変動などを始めとする、世界にはびこる多くの問題に一丸となって取り組む気運が高まっています。もし、先進国で作ったワクチンが、みんなに平等に届かなかった場合、何が起こるでしょうか。間違いなく世界は分断されるでしょう。

「私のところは先進国なので、ワクチンが届きました」、「私のところは先進国でないので、ワクチンが届きませんでした」となったら、「なぜ貧困を撲滅する？　なぜCO_2排出量をゼロにする？　なぜソーシャルアントレプレナーとして頑張らなきゃいけないんだ」という気持ちが大きくなり、「より良い世界のためにみんなで社会問題を解決しよう」という気持ちにはなりません。

繰り返しになりますが、新型コロナウイルスの感染拡大が明らかにしたものは、「世界は小さく、一つである」ということ。その中で、国によってワクチンへのアクセスに差があってはならないのです。誰もが「自由」で「平等」にアクセスできる社会をみんなが目指さない限り、新型コロナウイルス感染症を始めとする世界のあらゆる問題は解決できません。ワクチンを始めとした「a Global Common Good（世界公共財）」に対して、すべての人が平等にアクセスできることを実現できるかどうかは、人々が思っている以上にこれからの世界に必要不可欠で重要な要素なのです。

製薬企業は、仮に新型コロナウイルス感染症のワクチンを独占すれば何兆円という単位で儲けを得ることができることでしょう。いうなれば、一〇〇年に一度の大儲けするチャンスであることは事実です。しかし、そのような企業は「次の世界」には居場所が無くなってしまいます。「世界公共財」は企業利益取得のためだけに使うべきではなく、世界中の人々のために、世界がより良い未来を進んでいくために使われるかどうかが問われるでしょう。

これは製薬企業に限った話ではなく、消費者の生活スタイルも、現在ビジネスをしている企業もすべて、今後はサステナビリティ（持続可能性）を軸にした行動が必要であり、そうでなければこの先、誰にも選ばれなくなくなるでしょう。だからこそ、今変われるかどうかがターニングポイントなのです。

私たちユーグレナ社は、サステナビリティを、「〝自分たちの幸せが誰かの幸せと共存し続ける方法〟を常に考え、行動している状態」と定義しています。いくら自分が幸せを感じていたとしても、どこかで誰かが幸せでない状態は、それはサステナブルではないのです。

ユーグレナ社は、バングラデシュの栄養失調問題の解決を目指して、スタートした会社です。サステナビリティを前面に出すことを、勇気を持って声をあげ、そして実行し、ユヌス先生のメッセージを分かりやすく体現する、そのような会社でありたいですし、そういう会社でなければならないと考えています。

今後の行動、つまり「世界公共財」の使い方で、世界規模でみんながどういう社会を作れるかが決まります。

世界が分断されるか、それとも一つになってみんなで一緒に問題解決に取り組むかは、私たちの行動にかかっているのです。

これからも私たちは、ユーグレナ・フィロソフィーとして「Sustainability First（サステナビリティ・ファースト）」を掲げ、「自分たちの幸せが誰かの幸せと共存し続ける方法」を常に考え、行動していきます。

出雲　充

アフターコロナ社会の再構築計画

もう後戻りはできない（No Going Back）

ムハマド・ユヌス

もう後戻りはできない（No Going Back）

新型コロナウイルス感染症が引き起こす被害に、世界中が行き場を失っています。しかし、この状況は私たちに比類ないチャンスを与えているのです。

今こそ、世界は大きな問題に取り組むときです。それは、どのように経済活動を再開するか、ということではありません。私たちは、これまでの歴史において、幸いにもこの困難を乗り越えるための好事例を集めてきており、その答えを知っています。私たちが取り組むべき大きな問題とは、「世界を新型コロナウイルス感染症が猛威を振るう前の状態に戻すのか」、「それとも世界を再構築するのか」。

この答えは、私たちに委ねられています。

言うまでもなく、コロナ以前の世界は、私たちにとって良いものではありませんでした。新型コロナウイルス感染症のニュースが溢れるまで、世界は将来的に起きうる最悪の事態の想定にもがき苦しんでいました。

気候変動によって地球が人類の生存に適さなくなるまでの日数を指折り数え、いかに私たちが人工知能（ＡＩ）による大量失業の脅威の下にいるのか、富の集中がどれほど爆発的なレベルに到達しているのか、というように。

私たちは、この一〇年が「最後の一〇年」であると互いに注意し合ってきました。この「最後の一〇年」の後では、私たちの全ての努力はわずかな結果しかもたらさず、地球を救うのには不十分でしょう。

私たちはそのような世界に戻るべきか？

――その答えは私たちに託されています。

新型コロナウイルス感染症は、突然にして世界のコンテクストや計算式を変え、それ以前に存在しなかった大胆な可能性を切り開きました。突然、私たちは白紙状態（tabula rasa）からやり直すチャンスを手に入れたのです。私たちはどんな好きな方向にも進むことができる。信じられないほど、自由な選択ができるのでしょう！

経済再開の前に、私たちはどのような経済を望むのかを合意しなくてはなりません。私たちが真っ先に合意形成すべきは、「経済は手段である」ということ。経済は、私たちが設定した目標に到達することを容易にしてくれるものであり、私たちを罰するための呪われた死の落とし穴のように機能すべきではありません。経済が私たちによって作られた道具であることを一瞬たりとも忘れてはいけません。私たちは、最高の集合的な幸福に到達するまで、経済の設計と再設計をし続けるべきなのです。

もしそれが私たちの行きたい未来に連れて行ってくれないと感じたら、私たちはすぐに使用するハードウェアやソフトウェアに異常があると気づきます。私たちがすべきは、それを修理することです。

「ごめんなさい、ソフトウェアやハードウェアのせいで目標達成できない」、という言い訳は通用しません。それは、受け入れがたい屁理屈です。

二酸化炭素排出量ゼロの世界を創りたいのであれば、私たちはそのためのハードウェアとソフトウェアを構築しなくてはなりません。もし、失業ゼロや富の一極集中がない世界を望むのであれば、方法は同じです。適切なハードウェアとソフトウェアを構築するのです。私たちにはその力があります。人類が何かを成し遂げると心に決めたら、あとは躊躇せずに行動に移すだけです。人類に不可能はない。

幸いにも、コロナウイルス感染症の危機は、私たちに再出発の無限のチャンスを与えてくれました。私たちは、ほぼ真っ白な画面から、ハードウェアとソフトウェアの設計を始めることができるのです。

アフターコロナ社会からの回復は、社会性起点であるべき
(Post-Corona Recovery Must be a Social Consciousness Driven Recovery)

全世界共通の一つの意志が私たちを大いに助けてくれるでしょう。
それは、私たちの「元来た場所には戻りたくない」という明確な回答です。「回復」という名の下に、同じ災難の中に戻りたくはない。

ましてや、私たちはこれを「回復（recovery）」計画と呼ぶべきではありません。私たちの目的を明確にするために、これを「再構築（rebuilding）」計画と呼ぶことにします。ビジネスは、世界を再構築するための重要な役割を担うことになるでしょう。アフターコロナ社会における再構築計画の出発点は、すべての意思決定において、妥協することなく、社会や環境への配慮を中心に据えなければなりません。政府は、社会性や環境性の利益を社会にもたらすことが定かでない限り、どんな人にも一銭も提供しないことを約束すべきです。

再構築のための全ての行動は、国や世界のために、社会、経済、環境に配慮した経済の創出に繋がるものでなければなりません。

今こそ動き出すとき（Time is NOW）

まず、社会性を起点とした行動計画のために、「再構築（rebuilding）」のパッケージから始めましょう。

私たちは、危機に瀕しているこのタイミングで計画を立てなくてはなりません。危機が収束したら、企業の財政援助のための古いアイデアや例がどっと押し寄せてくるでしょう。そして、新しいイニシアチブを脱線させるために、「これらは未検証の政策だ」という強硬な申し立てがなされるのです。（オリンピックはソーシャルビジネスで設計できると提案したとき、反対派も同じような主張をしました。今や、二〇二四年のパリオリンピックは、盛り上がりを増して私が提案した方法で設計が進んでいます）。私たちは古い例が押し寄せてくる前に準備をしなければなりません。〝Time is NOW〟今こそ動き出すとき。

ソーシャルビジネス（Social Business）

この包括的な再構築計画において、私は新しいタイプのビジネスである「ソーシャルビジネス」に中心的な役割を与えることを提案します。ソーシャルビジネスとは、人類の問題を解決するために作られたビジネスであり、そのビジネス立ち上げのために出資した投資家には、出資した分の金額を返還しますが、その投資家が個人的な利益を得ることはありません。当初の出資額が投資家に返還された後、得た利益すべては事業に再投資されます。

政府は、ソーシャルビジネスが主要な再構築の責任を負うことを奨励し、優先して門戸を広げる多くの機会を持つでしょう。同時に、政府は、ソーシャルビジネスが必要とされる時に、必要とされる規模で、随所に現れることを期待してはなりません。

政府は、従来の福祉制度を通して貧困層や失業者のケアを実施し、医療を提供し、必要となるサービスを復旧し、ソーシャルビジネスという選択がなかなかできないあらゆるビジネスの支援をすべきです。

ソーシャルビジネスの参入を加速するために、政府はソーシャルビジネスのベンチャーキャピタルファンドを国と地方とで設立すべきです。また民間セクター・財団・金融機関・投資ファンドがソーシャルビジネスのベンチャーキャピタルファンドを設立することを奨励し、歴史ある企業がソーシャルビジネスになることや、ソーシャルビジネスのパートナー企業と合併することを奨励します。そして、全てのビジネスが独自のソーシャルビジネスを保有するか、ソーシャルビジネスのパートナーとソーシャルビジネスの合弁会社を設立することを促進するのです。

再構築計画の下では、政府がソーシャルビジネスに資金提供をして、企業買収をし、支援を必要とする企業と提携して、その企業等をソーシャルビジネスへと転換することができます。中央銀行は、他のビジネスと同様に、ソーシャルビジネスが金融機関からの融資を受けて株式市場に投資することを認可することができます。

再構築計画の過程では、多くの機会が生まれるでしょう。政府はできる限り多くのソーシャルビジネスのアクターを巻き込むべきです。

ソーシャルビジネスの投資家は誰か？（Who Are the Social Business Investors?）

誰がソーシャルビジネスの投資家なのか？　彼らはどこにいるのか？

彼らはどこにでもいます。既存の経済書がその存在を認識していないだけなのです。その結果、私たちの目は、彼らを見るように訓練されていないのです。最近の経済学の講義でのみ、グラミン銀行やマイクロクレジットへの世界的な称賛に付随して、ソーシャルビジネス、起業家精神、インパクト投資、非営利組織などに関する議論が行われるようになってきました。

社会性や環境性を起点とする再構築計画のために、経済が利益最大化の科学である限り、私たちは経済に頼り切ることはできません。戦略の全ては、経済が成長に伴い、経済全体におけるソーシャルビジネスの割合を拡大することです。ソーシャルビジネスの成功は、経済に占めるソーシャルビジネスの割合が増大するときだけでなく、起業家が既存のビジネスとソーシャルビジネスの両方のビジネスを行っている事例数が急増するときにも明らかになります。

これは、社会意識と環境意識を起点にした経済が始まる目印となるでしょう。

政府の政策が、ソーシャルビジネスの起業家と投資家を承認し始めると、すぐにそのような起業家や投資家は、歴史的な機会の中で求められる重要な社会的役割を果たすため、熱心に名乗り出てくるでしょう。ソーシャルビジネスの起業家は、小さな慈善団体の一員ではありません。グローバルおよびローカルなソーシャルビジネスへの長年の資金調達や運営経験を持つ、巨大な多国籍企業、大規模なソーシャルビジネスファンド、才能ある多くのCEO、企業、財団、トラストを巻き込んだグローバルなエコシステムなのです。

ソーシャルビジネスの概念と経験が政府から注目され始めると、多くの筋金入りの個人企業は、気候危機・失業危機・富の一極集中などの社会危機や経済危機の際、ソーシャルビジネス起業家として成功するために、彼ら自身のあらゆる才能を引き出し、非常に価値ある社会的な役割を果たすことに喜びを感じるようになるでしょう。

我々は求職者ではない。人類は生まれながらにして起業家である
(People Are Born as Entrepreneurs, Not as Job-Seekers)

再構築計画のためには、従来の国民と政府の役割分担の意識を一度壊す必要がありま

す。私たちはこれまで、国民の役割は家族を養い、税金を納める事であり、気候や就業、医療、教育、水といった公共の問題はすべて政府（と一部の非営利団体）が取組むべき事柄だと、当たり前のように考えてきました。しかし、再構築計画のためには、この意識の壁を壊し、国民一人ひとりがソーシャルビジネスを始めることで、問題を解決する者としての可能性を示すことができるよう、導く必要があります。ここで重要なのは、イニシアチブの規模ではなく、その数です。一つひとつの小さくも多様なイニシアチブが束をなすことで、社会全体の重要な行動に繋がるのです。

ソーシャルビジネスの起業家がまず取り組むべき課題の一つが、経済破綻によって生じる失業問題です。ソーシャルビジネスの投資家は、失業した人々の雇用創出のためにソーシャルビジネスを立ち上げることに尽力すべきでしょう。ただの雇用ではなく、失業者を起業家に変えるという選択肢をつくり、生まれながらにして人は、求職者ではなく、起業家であることを示すのです。ソーシャルビジネスは、政府の施策と連携することで、より強固な医療制度を構築することもできます。

ソーシャルビジネスの投資者は、なにも個人である必要はありません。投資ファンドや財団、トラストのような機関でもいいのです。このような機関は、歴史ある企業の経営者との上手な付き合い方を知っています。アフターコロナの絶望と切迫した状況の中では、政府の正しい呼びかけが、これまで知られていなかった活動の急増をもたらします。そのことは、老若男女問わず、全く新しい方法で世界が生まれ変わることを示すリーダシップの試金石となるでしょう。

逃げ隠れすることはできない（Will Have No Place to Hide）

もし私たちが社会性と環境性を起点としたアフターコロナ社会の再構築計画の着手に失敗したら、世界は新型コロナウイルスがもたらした何倍もの大惨事に直面することになるでしょう。私たちはウイルスから身を守るために家の中に身を隠すことはできます。しかし、世界で起きている問題に対処できなければ、世界中で苦しみ怒る人々や自然から逃げ隠れすることはできないのです。

以上

job-seekers. Social businesses can engage themselves in creating a robust health system in collaboration with government system.

A social business investor doesn't necessarily have to be an individual. They can be institutions, such as, investment funds, foundations, trusts, social business management companies. Many of these institutions know very well how to work in friendly ways with the traditional owners of the companies. Out of the desperation and urgency of the post-Corona situation a right call from a government can create a surge of activities which were never known before. This will be the test of leadership to show how a world can be inspired to be re-born in a completely unknown ways, coming from the youths,middle aged, and the old, men and women.

Will Have No Place to Hide

If we fail to undertake a social and environmental consciousness driven post-Corona rebuilding programme we'll be heading for many times more worse catastrophe than what Corona has brought in. We can hide in our homes from Coronavirus, but if we fail to address the deteriorating global issues, we'll not have any place to hide from the angry Mother Nature and the angry masses all around the world.

End

When the concept and the experiences of social businesses start receiving government attention many hardcore personal profit makers will be happy to bring out the unexplored part of their talent to become successful social business entrepreneurs and play very valuable social roles at time of social and economic crises like climate crisis, unemployment crisis, wealth concentration crisis, etc.

People Are Born as Entrepreneurs, Not as Job-Seekers

Rebuilding programme must break a traditional division of work between citizens and the government. It is taken for granted that the citizens'role is to take care of their families and pay taxes; it is the responsibility of the Government (and to a limited extent of non-profit sector) to take care of all collective problems, like climate, jobs, healthcare,education, water, and so on. Rebuilding programme should break this wall of separation and encourage all citizens to come forward and show their talent as problem-solvers by creating social businesses. Their strength is not in the size of their initiatives, but in their number. Each small initiative multiplied by a big number turns out to be a significant national action.

One problem that the social business entrepreneurs can immediately address will be the problem of unemployment created by the collapse of the economy. Social business investors can get busy with creating social businesses to create jobs for the unemployed. They can also open up the option of transforming the unemployed into entrepreneurs,and demonstrating that human beings are born as entrepreneurs, not as

textbooks don't recognize
their existence. As a result our eyes are not to trained to see them. Only recently economics courses are including some discussions on topics like social business, social entrepreneurship, impact investment, non-profit organizations etc as side issues inspired by the global admiration for Grameen Bank and microcredit.

As long as economics remains a science for profit maximization , we cannot rely entirely on it for the rebuilding programme which is based on social and environmental consciousness. The whole strategy would be to enlarge the proportion of social business in the total economy as the economy grows.Success of social business will be visible when not only it will grow into larger percentage of the economy, but also there will be rapid growth in the number of entrepreneurs where same entrepreneurs are doing both types of businesses.This will signal the beginning of a social and environmental consciousness driven economy.

As soon as government policy starts recognizing the social business entrepreneurs and investors, such entrepreneurs and investors will come forward enthusiastically to play the important social role demanded by the historical opportunity. Social business entrepreneurs are not members of a small do-gooder community. This is a significant global eco-system which includes giant multinational companies, big social business funds, many talented CEOs, corporate bodies, foundations, trusts, with many years of experiences in financing and running global and local social businesses.

programmes, offering healthcare, reviving all essential services, and supporting all types of businesses where social business options are slow to come forward.

To speed up the entry of social businesses Governments can create Social Business Venture
Capital Funds, centrally and locally, encourage private sector, foundations, financial institutions, investment funds, to create Social Business Venture Capital Funds, encourage traditional companies to become social businesses themselves or take in social business partners, corporates and all businesses may be encouraged to have their own social businesses or create joint venture social businesses with social business partners.

Under the rebuilding programme governments can finance social businesses to buy up companies, and tie-up with needy companies to transform them into social businesses. Central bank can allow social businesses, like other businesses, to receive financing from financial institutions to invest in stock market.
There will be so many opportunities arising during the rebuilding process; governments should involve as many social business actors as possible.

Who Are the Social Business Investors?
Who are the social business investors? Where do we find them?

They are every where. We don't see them because our existing economic

Time is NOW

We start with 'rebuilding' packages for social consciousness driven plans and actions. We must design our plans right now, when we are in the thickof the crisis. When the crisis will be over, there will be a stampede of old ideas and old examples of bailout to rush the actions their way. Strong cases will be made to derail the new initiatives by saying these are untested policies. (When we proposed that Olympic Games can be designed as social businesses,opponents made the same arguments. Now Paris Olympic 2024 is being designed that way with increasing excitement along the way.) We'll have to get ready before the stampede begins. Time is NOW.

Social Business

In this comprehensive rebuilding plan I propose to give the central role to a new form of business called social business. It is a business created solely for solving people's problems, without taking any personal profit by the investors except to recoup the original investment. After original investment comes back all subsequent profits are ploughed back into the business.

Governments will have many opportunities to encourage, prioritize, open up space for socialbusinesses to undertake major rebuilding responsibilities. At the same time, Governments should not expect social businesses show up everywhere at the time and size they are needed.Governments must launch their programmes , such as taking care of the destitutes and the unemployed through traditional welfare

The most exciting news is Corona crisis offers us almost limitless opportunities to make a fresh start.We can start designing our hardware and software in an almost clean screen.

Post-Corona Recovery Must be a Social Consciousness Driven Recovery

One simple unanimous global decision will help ustremendously: a clear instruction that we donft want to go back to where we are coming from. We don't want to jump into the same frying pan in the name of recovery.

We should not even call it a 'recovery' programme.
To make our purpose clear, we may call it 'rebuilding' programme . Businesses will be made to play the key role to make it happen. The point of departure for post-Corona rebuilding programme must be putting social and environmental consciousness firmly at the centre stage for all decision making. Governments must guarantee that not a single dollar would be offered to anyone unless the government is sure that it will bring the maximum social and environmental benefit to the society, compared to all other options. All the rebuilding actions must lead up-to creation of a socially, economically, and environmentally conscious economy for the country, as well as for the world.

Should we go back to that world? Choice is ours.

Coronavirus suddenly changed the context and calculus of the world. It has opened up audacious possibilities which never existed before. Suddenly we are at the tabula rasa. We can go any direction we want. What an unbelievable freedom of choice!

Before we restart the economy we must agree on what kind of economy we want. First and foremost we have to agree that the economy is a *means*. It facilitates us to reach the goals set by us. It should not behave like a death trap designed by some divine power to punish us. We should not forget for a moment that it is a tool made by us. We must keep on designing and redesigning it until we arrive at the highest collective happiness.

If at any point we feel that it is not taking us where we want to go, we immediately know that there is something wrong with its hardware or software that we are currently using. All we have to do is to fix it. We cannot excuse ourselves by saying 'sorry we cannot achieve our goals because our software or hardware will not let us do that '. That would be an un acceptably lame excuse . If we want to create a world of zero net carbon emission, we build the right hardware and software for it. If we want a world of zero unemployment, we do the same. If we want a world where there will be no concentration of wealth, we do the same. It is all about building the right hardware, and the right software. Power is in us. When human beings set their mind to get something done, they just do it. Nothing is impossible for human beings.

Post-Corona Rebuilding Programme:
No Going Back

Muhammad Yunus

Extent of damage that Corona pandemic is causing the world is just mind boggling. However despite this massive damage it offers us an unparalleled opportunity.

Right now the whole world has to address a big question. It is not about how to get the economy running again. Luckily we know the answer. We have gathered good experiences of managing of a recovery process. The big question that we have to answer is:Do we take the world back to where it was before Coronavirus came? Or, we redesign the world? Decision is entirely ours.

Needless to say that the pre-Corona world was not good to us. Until Coronavirus became the news, the whole world was screaming about all the terrible things which are about to happen to the world.We were literally counting days when the whole planet would be unfit for human existence through climate catastrophe; how we are under serious threat of massive unemployment created by artificial intelligence; how wealth concentration was reaching an explosive level. We were reminding each other that the current decade is the decade of last chance. After this decade all our efforts will bring only marginal results, inadequate to save our planet.

〈著者略歴〉
出雲 充（いずも　みつる）
株式会社ユーグレナ代表取締役社長。
1980年生まれ。駒場東邦中・高等学校、東京大学農学部卒業後、2002年東京三菱銀行入行。2005年株式会社ユーグレナを創業、代表取締役社長就任。同年12月に、世界でも初となる微細藻類ミドリムシ（学名：ユーグレナ）の食用屋外大量培養に成功。世界経済フォーラム（ダボス会議）ヤンググローバルリーダー、第1回日本ベンチャー大賞「内閣総理大臣賞」受賞。経団連審議員会副議長。著書に『僕はミドリムシで世界を救うことに決めた。』（小学館新書）がある。

サステナブルビジネス
「持続可能性」で判断し、行動する会社へ

2021年2月9日　第1版第1刷発行

著　者　出雲　充
発行者　後藤淳一
発行所　株式会社ＰＨＰ研究所
東京本部　〒135-8137　江東区豊洲5-6-52
出版開発部　☎03-3520-9618（編集）
普及部　☎03-3520-9630（販売）
京都本部　〒601-8411　京都市南区西九条北ノ内町11
PHP INTERFACE　https://www.php.co.jp/

組　版　朝日メディアインターナショナル株式会社
印刷所　株式会社精興社
製本所　東京美術紙工協業組合

ISBN978-4-569-84752-8

PHPの本

世界のビジネスエリートが大注目！
教養として知りたい日本酒

八木・ボン・秀峰　著

名誉唎酒師であり、NYで40年以上日本食の店を経営する著者が、お薦めの50銘柄と酒造りのウンチク、日本酒の世界進出の戦略を語る。

定価　本体一、七〇〇円（税別）

PHPの本

完本・哲学への回帰

人類の新しい文明観を求めて

稲盛和夫／梅原　猛　著

「アメリカ文明は正しいのか」「環境問題・進歩から循環の思想へ」「〝働く意義〟を利他の精神から考える」「日本人の道徳の復興」――日本の行き方・考え方を明瞭に説く名著復活！

定価　本体一、八五〇円（税別）

ＰＨＰの本

［改訂新版］松下幸之助　成功の金言３６５

運命を生かす

松下幸之助 著
ＰＨＰ研究所 編

装いも新たに『松下幸之助　成功の金言３６５』の［改訂新版］が刊行。１日１ページ。読んで、考えて、自己変革を遂げたい人に贈る！

定価　本体一、四〇〇円（税別）